第16版

克服焦虑危机

焦虑症与恐惧症治愈手册

DOMINAR LAS
CRISIS DE ANSIEDAD

[西] 佩德罗·莫雷诺　[西] 胡里奥·C.马丁　著
陈晨　译

中国友谊出版公司

图书在版编目（CIP）数据

克服焦虑危机 /(西) 佩德罗·莫雷诺,(西) 胡里奥·C.马丁著; 陈晨译. -- 北京: 中国友谊出版公司, 2025.7. -- ISBN 978-7-5057-5968-8

Ⅰ.B842.6-49

中国国家版本馆CIP数据核字第2024R7Z137号

著作权合同登记号 图字：01-2025-0128

The original title: Dominar las crisis de ansiedad
Written by Pedro Moreno and Julio C. Martín.
© Desclée De Brouwer S.A. 2004, Bilbao, Spain
The simplified Chinese translation rights arranged through Rightol Media
（本书中文简体版权经由锐拓传媒取得Email:copyright@rightol.com）

书名	克服焦虑危机
作者	[西] 佩德罗·莫雷诺 [西] 胡里奥·C.马丁
译者	陈晨
出版	中国友谊出版公司
发行	中国友谊出版公司
经销	新华书店
印刷	三河市龙大印装有限公司
规格	880毫米×1230毫米 32开
	6.5印张 160千字
版次	2025年7月第1版
印次	2025年7月第1次印刷
书号	ISBN 978-7-5057-5968-8
定价	49.80元
地址	北京市朝阳区西坝河南里17号楼
邮编	100028
电话	(010) 64678009

如发现图书质量问题，可联系调换。质量投诉电话：（010）59799930-601

致我们曾经的患者,
感谢他们教给我们的一切。
致我们未来的患者,
为我们即将共同实现的一切。

目录 CONTENTS

序　01
前言　03

第一章
焦虑和惊恐发作的急救措施　001

你不该做的事　003
关于焦虑危机的基本知识　005
换气过度：克服焦虑危机的关键因素　016
肌肉放松和焦虑的生理控制　021

第二章
恐慌症：了解焦虑危机　035

焦虑和恐惧的生理学原理　039
恐惧和焦虑都有不同程度的划分　041
焦虑危机产生的原因是什么？　044
不可能发生的事是什么？窒息　052
不可能发生的事是什么？心梗　053
不可能发生的事是什么？精神错乱　056
我会晕厥吗？　057
为什么我们渴望逃离？为什么我们不能待在开阔或封闭的场所里？　059

第三章
焦虑危机的诱发因素　　065

真实案例　　068
压力交互模型　　069

第四章
面对焦虑"更换芯片"　　077

焦虑的真实情况　　080
焦虑中扭曲的现实　　082
如何"更换芯片"来克服焦虑　　088

第五章
克服对生理感受的恐惧　　107

摆脱恐惧的科学方法　　110
循序渐进地摆脱恐惧　　114
循序渐进的实例　　126

第六章
克服广场恐惧症　　135

实景暴露　　144
螺旋楼梯：阶梯式暴露　　148

暴露期间的观众角度　　　　　　　　　158
　　常见的问题　　　　　　　　　　　　160
　　跳入泳池：延长暴露　　　　　　　　165

第七章
焦虑危机的治疗　　　　　　　　169

第八章
充实平静的生活　　　　　　　　177

　　密切关注压力水平和紧张情绪　　　　179
　　反复回顾关于恐慌症的知识　　　　　181
　　持续练习"更换芯片"的方法　　　　182
　　通过面对危机来克服危机　　　　　　183
　　通过练习来克服广场恐惧症　　　　　184
　　药物治疗是针对严重情况的措施　　　185
　　克服焦虑危机是有可能的：　　　　　186
　　许多人已经做到了
　　寻求帮助是勇敢的做法　　　　　　　186

致谢　187
附录　188

本书是原版书的第 16 版，中文简体版的第 1 版，特此说明。

书中所提及的信息和方法可视为帮助读者克服典型焦虑危机和恐慌症的教材。然而，这本实用手册不应代替心理健康专家的诊断和治疗。

序

12年前，我的同事加西亚·桑乔（García—Sancho）为了在一家心理健康中心和西班牙患者共同进行一个控制恐慌和焦虑的项目，为我们团队当时在纽约大学奥尔巴尼分校进行的焦虑障碍诊断性会谈做翻译（"诊断性会谈量表 – 修订版"，ADIS–R），并翻译了《驾驭焦虑和恐惧》（*Mastery of your anxiety and panic*）这本书。据我所知，从那时起，一直有临床心理学家参与这个项目的培训。当时莫雷诺博士恰好提出了 ADIS–R 的相关信息，我就让他和加西亚·桑乔取得了联系。两人的合作使这部自助书得以出版，我也很荣幸为此书作序。

本书通过简单的语言，根据可靠的科学研究并基于与西班牙焦虑症患者相处的丰富经验得出的一手结论，为我们介绍了关于克服焦虑危机的重要概念和方法。为了让人们理解书中所阐述的概念并使这本书真正帮助到读者，书中展示了大量事例和临床实践中的真实案例，介绍了一些练习方法和家里就可以做的练习，以及医生给患者提供的一些自主填写的表格。

本书介绍了什么是焦虑危机和惊恐障碍，压力在焦虑危机中扮演了什么样的角色；最重要的是，读者能够采取什么科学方法来控制他们的惊恐发作，其中包括有关克服广场恐惧症的认知疗法、内观暴露疗法和暴露疗法的详细信息，以及和治疗恐慌症药物相关的最新消息。

莫雷诺博士对当今世界上最先进且基于经验的针对惊恐发作和相关焦虑疾病的治疗手段了如指掌，并且多年以来也将这些治疗手段应用到了临床实践中。在本书中，作者以简洁明了的方式将相关信息呈现给读者，这将给那些因遭受焦虑危机而处于失控状态的人提供巨大的帮助。每一位面对这些严重问题的患者和治疗师都值得拥有这本很有益的书。

戴维·H.巴洛博士
心理学教授
精神病学研究教授
临床项目主任
波士顿大学焦虑和相关疾病研究中心主任

前言

每年都有数以百计的人来到急诊处，认为自己得了脑梗或脑出血。许多人因为感觉自己非常难受前来就医，还有一些人纠结要不要去医院，因为他们觉得自己有可能会失控或者精神错乱。很多时候，诊断只有简短的几个字"焦虑症"或"恐慌症"，然后病人就被转移到心理健康中心，根据不同情况进行心理治疗或精神治疗。大多数情况下，治疗包含长期服用抗焦虑或抗抑郁的药物，有时候还得暗示自己（内心十分纠结）"终生服药也没什么不好，就像糖尿病人服用胰岛素一样"。然而，近20年间，人们进行了许多关于焦虑症心理治疗的研究，这些研究也取得了巨大的成功，每十个患者中就有七八个人通过新的心理疗法有了显著好转。

这本书的目的在于为惊恐症患者及其家属，以及所有感兴趣的读者提供一些他们应当具备的基础知识，并为患者提供一些控制焦虑发作的方法。惊恐症是焦虑症的一种，也被称为恐慌症，这种病症的特性在于它是一种自发性焦虑症以及对遭受此类新症状的恐惧。

这些信息和方法建议都基于目前最可靠的科学依据，并在我们对恐慌症以及相关疾病患者的心理治疗经验中得到了细化。

但是，本书并不意图代替医生或心理学家的建议，它更像是一种信息来源，让人们能够了解在针对控制焦虑症发作的心理治疗中，医生对患者都有哪些建议以及推荐他们使用哪种类型的练习方法。如果你现在正在接受相关治疗，你的心理医生或许可以引导你将书中提到的练习方法和其他尤其有利于你自身情况的练习结合起来。

本书分为八章，读者应当按顺序阅读，因为我们平时也是按这种方式教授患者这些知识的。在没有完成每章说明的所有练习之前就阅读后面的章节是不合适的，原因很简单：如果你要逐步面对你的恐惧，跳过一章意味着你会读到那些为你目前还没有准备好面对的恐惧而设的练习方法，这会降低你对克服焦虑危机的预期。

第一章介绍了对焦虑症患者的急救措施。简单来说，我们提出了一些重要的概念使你明白你现在正往什么样的情况发展，尤其是告诉你面对焦虑带来的一切时你能做些什么使情况不再恶化（这样比较好理解），从而尽快获得平静。在此章中，我们为你展示了两种控制焦虑发作的基本练习方法：一种逐步放松肌肉的方法，以及一种正确呼吸的方法，避免换气过度。换气过度是一种在焦虑症患者中很常见的呼吸过程，在焦虑症中扮演着重要的角色。

第二章详细说明了焦虑症患者应当知道的相关症状的内部机制，以及患者经常担忧但极少发生的疾病和病情发展的必要信息。这章内容或许看起来十分"学术"，但是其目的在于让你知道究竟发生了什么，从而驱散那些非理性的恐惧。你将通过本章内容了解焦虑产生的原因，并明白相关疾病并不会导致窒息、心梗或精神错乱。

第三章列举了生活中触发焦虑危机的因素以及焦虑危机和压力的关系。阅读本章内容你会明白为什么这个问题会在你生活中的某个时刻出现。另外，这个主题对于预防症状复发也很重要，因为一般而言，疾病复发都始于新的压力事件。

第四章将进入严格来说被称为"认知疗法"的领域。本章将列举一些在面对焦虑时和精神活动相关的重要概念以及可以采取的措施，来控制那些十分消极的念头。

第五章包含了一系列针对恐慌症和焦虑症的心理治疗方法，这些方法都基于相对前沿的发现。在本章中读者将会了解到对于类似心动过速、窒息感、胸闷、出现幻觉或精神错乱等一些可怕的生理感受，消除对它们的恐惧非常重要。这一章中还提到了一种打分的方法来消除对这些症状的恐惧。建议你在读完前面所有章节之后再阅读本章内容。

第六章内容和广场恐惧症相关。这种恐惧一般和焦虑症有关，基本都是害怕在类似牙科或理发店的躺椅上，以及在超市、大型商场、人群拥挤的地方、巨大而开阔的空间、难以逃脱的封闭空间（电梯、公交车、火车）等地点焦虑发作。

第七章谈到了焦虑危机的治疗，并且给目前想要战胜这种疾病的患者提供了具体的建议。

第八章作为总结，为患者摆脱对焦虑症的恐惧并过上充实而平静的生活提供了一些值得铭记且应付诸实践的想法。

DOMINAR LAS
CRISIS DE ANSIEDAD

第一章
焦虑和惊恐发作的急救措施

如果你曾经历过焦虑危机,那么你需要尽快了解关键信息来克服这些危机并避免它们再次出现。同时你也应该学习一些简单的方法,这些方法能够帮助你从一开始就控制症状。这就是本章的主要内容。

你不该做的事

如果你担忧自己可能遭受焦虑危机,你应该遵循以下基本建议:

- 避免超出正常音量或语速讲话。低声慢速说话,尽量保持一种不会压迫自己呼吸的节奏。高声快速讲话会引起换气过度,导致焦虑发作。
- 避免摄入咖啡因和其他兴奋剂。咖啡、可乐、巧克力、茶、功能饮料这些日常消费品都可能带有足以引发焦虑的兴奋剂。
- 避免摄入糖分。食用糖果、含糖饮料以及其他含糖量高的食品会导致低血糖人群焦虑发作。
- 避免快速进食。快速进食会导致换气过度,换气过度与遭受焦虑危机紧密相关。

- 避免打呵欠或叹气。打呵欠或叹气会导致血液中的二氧化碳水平快速下降,从而引发焦虑危机。
- 避免睡眠不足。睡得比平时少会使人暴躁并处于高压状态,这会间接导致焦虑危机的产生。
- 避免久坐。适度的体育锻炼对降低压力水平有益并且能减少焦虑发作的可能性。
- 不要自行服药。如果你有焦虑危机的问题并认为自己需要服药,不要在没有向医生咨询的情况下自行服药;如果你正在服药,不要未向医生咨询就调整服用剂量;在任何情况下都不要未经医生许可就突然停药。
- 重新审视你的时间分配。生活不只有工作,应尽量平衡你在工作、家庭、朋友和爱好上的时间分配,给自己留出充足的睡眠时间。不合理的时间分配会使你面对压力时更加脆弱,你也更容易遭受焦虑危机。如果改变时间分配本身对你来说就是个问题,或许你就需要好好反思一下自己的人生哲学了。我们每个人对生活的主要方面都有不同的价值观,有时候我们真正看重的事情和我们投入时间最多的事情并不匹配。
- 不要吸毒。一些例如安非他命、可卡因以及其他兴奋剂等药物除了容易导致焦虑发作外,还会对个人生活和家庭生活质量造成严重危害。如果你摄入了此类物质,建议你寻求药物依赖领域的专业医生和心理专家的帮助,从而减少生理依赖并消除心理依赖,这是彻底戒掉毒瘾的两大基本支柱。毒瘾得到控制,对焦虑危机的管理才能够实现,或者二者可以同时进行。在没有预先控制毒瘾的情况下,克服焦虑几乎是不可能的。

关于焦虑危机的基本知识

> **注意**:焦虑是令人不快或讨厌的事情,但是它没有害处或危险性。单是焦虑本身并不会导致心梗、中风或精神错乱。

焦虑首次发作后缺乏足够的相关知识是上述焦虑危机转变为严重心理健康问题的原因之一。一个人因为焦虑发作到了急诊中心,被习惯性地告知自己"只是焦虑罢了",但是仅仅知道这一点是不够的。了解这种现象的本质、后果,以及哪些治疗方法在中期和长期的治疗中最有效才是克服焦虑的好方法,这样能够避免这些焦虑危机转变为慢性疾病并因为恐惧症和重度抑郁症的出现而变得更复杂。

首先,我们详细看看对于焦虑症患者经常提出的10个问题人们能给出怎样的回答。在后面的章节中我们将回顾其中的几个问题以便进行深度解读并提出建议。

什么是焦虑危机？

焦虑危机是对恐惧或强烈不适感的迅速反应，在几分钟内迅速达到顶峰（一两分钟左右，一般在十分钟以内）并表现出如下所示的四种或四种以上症状：

- 心悸、心跳加速或心率加快。
- 大量出汗。
- 发抖。
- 气喘或呼吸困难。
- 窒息感。
- 胸闷或胸部不适。
- 恶心或腹部不适。
- 不安、头晕或晕厥。
- 感觉周围环境不真实（现实解体）或感觉和自身分离（人格解体）。
- 害怕失控或精神错乱。
- 害怕死亡。
- 有麻木或蚁走感。
- 打寒战或感觉透不过气。

当焦虑危机意外发生并引起对上述危机反复发生的恐惧时，我们面对的就是一种叫作恐慌症的焦虑症。随着时间流逝，在某些地点（超市、电梯间、公交车等）经历意料之外的焦虑发作可能导致因恐惧而回避此类地点的症状，这就是我们所说的广场恐惧症。

一般而言，在上述某种情境有过一次焦虑发作就有可能导致产生对此类情境的恐惧。例如，如果我在超市经历了一次焦虑危机，那么很有可能我还会在超市遭受新的焦虑危机。之后很可能一想到去超市就会感到害怕，我的大脑就会把"超市"和"焦虑"二者联系起来，这种联系很难自行打破。事实上，正常情况下如果我们不想办法解决它，哪怕我们不去超市，这种联系也会随着时间流逝而加强。回避去超市的患者可能会这样想："因为我没去超市所以我没有陷入焦虑危机，这次我算是逃过了。"于是，患者对超市的恐惧实际上又加强了。

通常，焦虑症患者会对以下某种或几种情况产生恐惧：

- 逛街。
- 去超市或大型商场。
- 乘坐公交车、汽车或飞机。
- 躺在牙科诊所的椅子上或坐在理发店的椅子上。
- 乘坐电梯。
- 在公共场合讲话。
- 做运动或保持性生活。
- 听到"精神分裂症"或"神经错乱"之类的话。

以上列举的情况不包括所有可能产生的恐惧，但是都比较常见。事实上，由于焦虑总是意外发作，所以患者很容易将恐惧和焦虑出现或反复出现的情境联系起来。

为什么我会感到焦虑？

焦虑危机通常是其他尚未解决的问题产生的一种症状。那什么是那些尚未解决的问题呢？有人不擅长处理人际关系，有人因为不合理的工作安排筋疲力尽，还有人陷入内心难以忍受的痛苦中……事实上，有许多各种各样尚未解决的问题可能表现为焦虑危机。这些人所表现出的共性就是他们每个人在生活中都承受着巨大的压力。

这些个人压力，加上某种家庭的先决因素，就是焦虑危机产生的原因。一般而言，遭受焦虑危机的人大多有焦虑症家族病史，体现在其父母、叔伯、祖父母或兄弟姐妹身上。我们得明白某些和焦虑反应相关的生理特质是可遗传的，但是人们也会以类似的方式在生活中表现出焦虑症状或与其产生联系。这里并不是想要引入先天遗传或后天习得这个永恒的争议，而是想让大家了解易受焦虑困扰的倾向是存在的，并且这种易感性植根于生理学以及文化传统和家庭环境中。

引发焦虑危机的第三个必要原因是接触到易于将生理感受进行灾难性解读的信息。我的许多患者都曾听说某个邻居"因为精神错乱被关起来了"，或是"他感觉胸口剧痛，几乎要死于心梗发作"，或是"他头痛剧烈，结果是中风了"。

当一个人压力很大且有焦虑症家族病史时，只需将焦虑的感觉进行灾难性解读就会产生焦虑发作的苗头。这就是"感到"焦虑的原因。

我会心肌梗塞吗？

不会。至少焦虑不会导致心梗发作。当心脏的某个区域因缺氧而死亡或永久受损时，就会出现心肌梗塞（心脏病发作）。大多数心肌梗塞都是由堵塞了某条冠状血管（输送血液和氧气到心脏的血管）的凝块导致的。凝块一般形成于先前因为脂肪堆积而变窄的冠状动脉。在冠状动脉中的凝块阻塞了输送给心脏的血液和氧气，导致那片区域的心脏细胞死亡。受损的心肌永久丧失了收缩的能力，剩下的心肌就要补偿这种损失。

在极少数情况下，突如其来的巨大压力，比如严重的惊吓或某个意料之外的负面消息会导致心脏病发作。不过，引起心脏病发作的风险因素一般还包括：

- 吸烟。
- 高血压（血管压力高）。
- 高脂饮食。
- 胆固醇水平高。
- 糖尿病。
- 男性。
- 年龄。
- 遗传因素。

胸骨以下的胸痛是心肌梗塞的主要症状，但是在许多情况下，尤其是在老年人或糖尿病患者中，这种疼痛比较轻微甚至不存在。

疼痛有可能蔓延到背部或者腹部，胸部、双臂、肩膀、颈部、牙齿以及下颌也有可能感到疼痛。这是一种长时间的疼痛，一般会持续 20 分钟。休息并不能缓解这种疼痛（不过心绞痛确实可以通过静卧疗法缓解）。心肌梗塞的患者一般将这种疼痛描述为严重消化不良的感觉，就像巨大的压力或一条绷带紧紧压在胸口，或者某种"重物"挤压在胸口。

除了疼痛，虚弱、呼吸困难、咳嗽、头晕、发呆、晕厥、大量出汗、口干、濒死感、恶心和呕吐也有可能是主要症状。

这些对心肌梗塞症状的描述很容易让人把它们和焦虑发作的症状相混淆，然而它们之间存在着很重要的差异。比如，焦虑发作的疼痛通常不是剧烈或持久的，更像是短暂的刺痛，表现为针扎感或反复的刺痛感。

当然，如果你有这样的疑问，尤其是前几次出现这些症状的时候，还是建议医生排查一下心脏异常的情况。那么自此你就有必要意识到，身体已经准备好对焦虑做出反应了，所以焦虑本身并没有害处。另外，长时间处于高压状态和疲惫的生活状态，通常会使你食欲不佳、酗酒和吸烟。这种生活状态加上不良的生活习惯，如果持续多年，确实有可能导致心肌梗塞。一次焦虑发作，或者成千次的焦虑发作本身并不会导致任何会引发心脏问题的梗塞。

我会患上中风、栓塞或血栓吗？

不会。焦虑是身体的正常反应，本身并没有害处或危险。大脑中的一条动脉破裂后，就会发生脑出血。这种破裂有可能是动脉瘤（动脉壁某一薄弱处形成的小肿块）或者脑循环系统的先天性畸形引起的。大脑内部或者大脑和外部保护膜之间的地方有可能会出血。

栓塞是脑部或颈部动脉有凝块堵塞。这些凝块可能是在身体其他部位（通常是心脏）形成并输送到大脑的血块，或者是动脉中剥落的脂肪沉积物。焦虑和血块的来源一点关系都没有。

最后，我们要说的是血栓的形成。它是脑部或颈部动脉逐渐变窄并最终形成的堵塞，通常是胆固醇累积和脂肪沉积造成的。同样，焦虑危机与促使胆固醇和脂肪累积的动脉狭窄的原因也没有关系。

这些脑血管的问题和高脂的饮食习惯、超重、高血压以及吸烟紧密相关。从 55 岁开始，人们患上此类疾病的风险每 10 年就会翻倍，而焦虑危机并不会增加患上这些脑血管疾病的风险。

我会失控或精神错乱吗？

不会。焦虑危机可能伴随现实解体或人格解体的症状，这些症状对有些人来说是很难受的。它们表现为对自己本身或日常现实生活产生陌生感。患者会觉得自己奇怪，和以前不一样，就像是一个陌生人，但同时又有一种熟悉感。患者知道他就是他自己，但是又觉得自己看上去或者感觉上不是以前那个自己了。他们对周围的环境也有类似的感觉。从小认识的街道对患者来说是不一样的、陌生的，或者发生了改变，但患者内心知道街道还是原来那条街道。有些患者还会经历一种自己与自己疏远的过程。尽管如此，患者从不会丧失与现实的联系：他知道自己是谁、身处何地。然而，那些奇怪的感觉会让他对自己的精神状况产生严重怀疑。他们看上去是"正常"的，但是处在发疯和失控的边缘。

仅仅因为这类经历就对精神错乱或失控产生恐惧是毫无道理的。精神错乱，或者说精神障碍（现在都这么说）是具有特定家族病史的一组广泛意义上的障碍。可以说，人不是想疯就疯的，而是这个人必须有一定的家族精神病史。那些有可能发展为精神病症状（例如精神分裂症或双相障碍）的障碍的遗传率超过了50%。这通常意味着家庭中已经有人患上了这些精神疾病，在病情发展到某个阶段时他们一般要被送到精神中心治疗。所以，如果你对患上精神疾病的可能性有疑问，那你首先要做的就是去查一下你的遗传谱系图，查明曾经是否有某个兄弟、父母、叔伯或祖父母因为精神问题入院。如果有这类情况，要查明他/她的诊断结果是什么。不是出现精神障碍就一定要把患者送进医院。如果你没有家人被诊断出患有类似的疾病且你也不吸毒，那么你出现精神障碍或者"发疯"的可能性就小于1%，你因焦虑危机而出现精神障碍的可能性也几乎为0。

我真的只是焦虑而已吗？

是的。如果急诊处的人告诉你你有"焦虑危机"，很可能事实确实如此，尽管他们可能是不情不愿地快速告诉你这件事的（这种在急诊处的咨询，尤其在高度重复的情况下，一般不会让某些专业人士感到很满意）。有时候医生或者心理专家会通过全面的身体检查来排除心脏异常的情况或进行一些其他补充的检查，但是通常根据你对症状的描述，经验较丰富的医生就能够得出你有焦虑危机的正确诊断。另一种情况是"由于你只是感到焦虑"，所以没什么大不了的，或者吃点药就好了。在某些情况下，服药之后你可能确实感觉好多了，但是相较于得到适当的心理治疗来说，停药通常更容易使人再度陷入焦虑危机。

焦虑能痊愈吗？

能，如果从你的角度来看的话。在得到针对克服焦虑危机的心理治疗后，每十名患者中能有七八个人得到显著好转。但是我们不要被这个数据欺骗了。这种好转不是直直通向"天堂"的高速公路。它不呈线性，而是像一种大步小步前进的舞步，其中偶尔穿插着倒退。这是正常的现象。另外，没有人每天的情绪都是一样的：有时候你感觉非常满足、乐观、平静和放松，但有时候你可能会感觉有点沮丧、疲惫或很暴躁。任何人都有难过的时候，遭受焦虑危机的人也一样。很多时候，那些患者会忘记他们和其他人一样，都有感觉开心或难过的时候。有时候，遭受焦虑危机的患者往往会把某个小挫折看作一座大山，而忘了这仅仅是任何人都可能经历的糟糕一天（右图）。

我们期待的好转

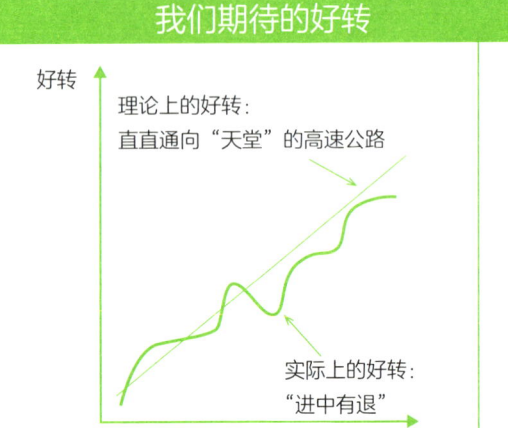

```
好转
  ↑
  │         理论上的好转:
  │         直直通向"天堂"的高速公路
  │
  │
  │              实际上的好转:
  │              "进中有退"
  │
  └──────────────────────→ 时间
恶化
```

我一定要服药吗?

第一选择是不吃药。如果你之前从来没有服用过治疗焦虑症的药物,最好先尝试专门的心理治疗,而不是服药。如果你已经在定期服用治疗焦虑症的药物,则应该逐渐将心理治疗和药物治疗相结合,以此帮助自己自然而然地克服焦虑危机。随着你能够逐渐控制焦虑,医生就可以减少你的服药剂量了。

如果你必须服药,就一定得严格遵守服药的时间,晚1分钟都不行。当你对药物的依赖逐渐减少时,该是去看医生,让医生减少药物剂量的时候了。焦虑是一种伴随我们一生的正常情绪,有时候比较强烈,有时候它只在特定的情况下出现,因此我们要尽可能设立学习克服焦虑的目标而不是一直依赖药物。

心理治疗的内容有哪些？

有很多种方法可以应对焦虑危机。当然，有科学证据表明应对焦虑危机最有效的方法包含以下部分：

- 控制换气过度的训练。
- 科学放松的训练。
- 用科学的方法抑制可能引发恐慌的想法，也就是心理学家所说的认知重建法。
- 暴露在引发恐惧的症状或情境中的科学训练。

在特定的情况下，可能会特别强调以上某个方面，甚至根据具体情况，可能需要伴侣疗法或其他类型的治疗手段。克服焦虑的疗法和体育训练相似：医生教给患者方法，然后患者需要通过每天在家练习来控制焦虑的症状。

这本书能够代替心理医生的建议吗？

不能。这本书对心理医生的治疗进行了补充和巩固，但是它不能代替治疗。如果你对自己的心理健康状态有疑问，那就向你信任的心理专家进行咨询。他会指导你，让你明白自己身上发生了什么事以及如何面对它。如果最大的问题是焦虑危机以及对焦虑危机复发的恐惧，这本书里包含的信息和方法是很有用处的。

换气过度：克服焦虑危机的关键因素

注意：不要尖叫、快速进食、打呵欠或叹气。以正常的节奏低声慢速说话。这样你就可以控制换气过度，它是头晕、呼吸困难、焦虑性胸痛和刺痛的主要原因。换气过度还会导致手臂或腿部产生蚁走感以及不安和眩晕感。最终，你会对自己或日常的现实生活产生陌生感或疏离感（和这些场景相关的令人痛苦的症状之一），这也是换气过度会导致的结果。

呼吸在意外的焦虑危机的形成和持续中发挥着重要作用。呼吸和情绪紧密相关，因此呼吸节奏会根据我们的情绪状态加快或变慢。当我们感到紧张时，呼吸节奏往往会加快；当我们处于平静的状态时，呼吸就会变得舒缓放松，几乎难以察觉。当我们处于睡眠时，就会开始深沉的腹式呼吸；当我们处于压力或焦虑状态时，呼吸往往会加快并变浅，以胸式呼吸为主（胸部上方）。

我们把换气过度定义为在既定时间内呼吸速率超过机体氧气需求。这会导致血液中的二氧化碳比例减少，进而使身体机能产生变化。矛盾的是，二氧化碳含量下降会导致大脑中某些区域的氧气减少，从而提高身体在面对真正的威胁时做出反应的能力，例如肌肉紧张、心跳加快、血液流向四肢，恐惧这种最原始的生存反应也会加剧。换气过度的副作用有全身乏力、心动过速、头晕和不安感，以及感觉自己或周遭现实陌生和奇怪，这些症状没什么害处但是令人非常难受。这些和换气过度相关的症状可以归类为以下三种。

- 中心症状：头晕、茫然无措、窒息感、视线模糊以及不真实感。
- 外周症状：心跳加快、四肢有蚁走和刺痛感、寒战、肌肉僵硬、双手湿凉。
- 一般症状：发热、窒息、出汗、乏力、胸闷或胸痛。

一个人需要吸入超过身体所需的氧气才会出现换气过度的症状。快速的浅度呼吸或者每小时完成一或两次过度呼吸就会出现以上症状。

在下一章中，我们将详细了解焦虑发作前我们的身体会发生怎样的变化。我们现在仅仅是强调一下面对焦虑危机这个问题时合理控制呼吸的重要性。

让我们来做一个小练习，测试一下你对换气过度的敏感度。请你先坐在椅子上并开始尽可能快速地呼吸两分钟。深吸一口气然后尽量快速呼出，就像吹气球一样。时间到了之后，闭上眼睛。如果你没感觉到任何变化，就继续快速浅度呼吸两分钟，尽可能猛然呼气。如果你已经出现了换气过度的症状（头晕、陌生感、胸闷等），记住只需消耗掉你吸入的多余氧气就可以消除这些症状。你只需要使劲跳几下或者尝试纸袋呼吸法[①]，直到感觉症状减轻为止。

对换气过度敏感的人群通常会在惊恐发作的时候经历许多类似的症状：气喘、窒息、胸痛，尤其是头晕恶心和眩晕感。有些患者进行这种练习时甚至会有现实解体和人格解体的症状，对自己或周围环境产生陌生感和疏离感。

当然，也不是所有对换气过度敏感的人在进行练习的时候都会经历类似的症状。不知道这些症状从何而来会让许多人更加恐惧，不过很显然，进行此项练习的时候人们确实感受到了那些感觉的来源。

我们需要呼吸，但是吸入过量空气会使血液中的氧气水平增高，二氧化碳水平降低。我们的大脑需要二氧化碳来进行自我调节，因此当二氧化碳水平降低时，大脑中的氧气水平会略微下降（这会导致那些中心症状的出现），身体某些部位的血量也会下降（这会导致那些外周症状的出现）。如果在这个时候，我们像原始人面对捕食者一样快速逃离，那么所有多余的氧气都会对身体的生理机能大有用处，尽最大可能帮助我们逃跑。

换气过度的一般症状对帮助逃生没什么作用，它是用力浅度呼吸产生的正常现象。胸痛或胸闷是呼吸肌肉疲劳导致的。

[①] 纸袋呼吸法是一种通过减少二氧化碳的过度呼出来缓解某些呼吸问题的技术。具体方法为，找一个干净的纸袋，撕去底端一角，用开口一侧双手套在嘴巴上呼吸。

需要说明的是,所有这些换气过度的症状都是完全无害的,而且在某种程度上,当我们面对真正的危险时,这些症状具有一定的适应性价值。

逐步确立适当的呼吸方法

目标很简单,即吸入适量的氧气,不要过快呼出二氧化碳。而实现这个目标的方法并不简单,因为需要重新训练呼吸方法。同时要避免以下会使二氧化碳水平过快降低的行为:

- 叹气。
- 打呵欠。
- 高声说话。
- 语速过快。
- 尖叫。
- 快速进食。

确立适当呼吸方法的第一步是注意我们说话、进食和呼吸的方式以及我们是否有叹气或打呵欠的习惯。试着慢慢吃饭,细细品尝每一口食物,咀嚼完每一口食物再说话。尽量不要高声尖叫或高声说话,要有节奏地低声慢慢说话。当然,还要避免叹气或打呵欠,尤其要避免快速深沉地叹息以及大张着嘴打呵欠。

为了在我们没有说话、进食、打呵欠或叹气的时候控制呼吸,第一步就是要开始把注意力集中在我们的呼吸方式上。刚开始的时候请不要试图控制呼吸或者慢慢呼吸,最好先把注意力集中在你的呼吸方式上，每天观察两次，每次 10 分钟。集中注意力并数一数吸气的次数。每次呼气的时候，在心里默念一个能让你平静的词，比如"安静"或"冷静"。

如果你脑海中出现了其他的想法，试着忽略它们并把注意力集中在你的呼吸方式上。数数吸气的次数并且每次呼气的时候在心里默念"安静"能够帮助你不去想其他的事情。如果你因为那些杂念而没办法专注于呼吸，不要试图反抗，接受它们并尽量把注意力转移到你的呼吸方式上。

当专注于呼吸对你来说已经很简单的时候，我们就可以更进一步了。把一只手放在胸前，另一只手稍微往下放一点（不要盖住肚脐），尝试数一数吸气次数，这次尽量只移动下面的那只手。记住，腹式呼吸是放松的呼吸。要是能做到胸前的那只手不动，只有放在腹部的那只手在动，你就学会腹式呼吸了。

当你已经能做到专注并轻松地呼吸时，我们就可以朝着控制呼吸的目标再迈出一步。这时候你需要控制呼吸节奏，目标是每分钟进行 10 次吸气和呼气的循环。也就是说，每次吸气和呼气分别用时大概 3 秒。

刚开始的时候你可能会觉得这种控制呼吸的方法有点让人喘不过气来，甚至会有窒息感。这是正常的。重新训练呼吸方法需要以循序渐进和轻松的方式进行，以免让人感到不适。

肌肉放松和焦虑的生理控制

注意： *每天的放松练习能够帮助你避免新的焦虑危机。当你正在遭受焦虑危机困扰时，放松几乎没什么帮助，但是它的效果会在身体中累积，坚持每天练习，三四个星期后你就会注意到这种效果，许多焦虑症状也会减轻。*

焦虑症患者的身体肌肉和紧张情绪之间存在着重要的联系。毕竟，尤其是面对迫在眉睫的危险必须逃跑的时候，代表焦虑的警报系统和腿部肌肉之间应该存在着紧密的关系。

当我们担心或预判危险（无论是真正的危险还是想象中的危险）时，我们的身体会自动紧张起来。这是我们自穴居时代就遗留下来的一种反应。那时候，当人感到有捕食者在暗中窥探时，快速逃跑是很重要的。一个人不可能待在原地仔细思考草丛中小心翼翼的脚步到底意味着什么。这时人有两个选择：逃跑；暴露自己，成为捕食者的食物。有时候，当没有逃跑的机会时，就必须面对捕食者，这时候也有两个选择：战斗或者晕倒（有些捕食者不吃看上去已经死了的动物）。事实上，远古时代那些从捕食者口中或其他真正的危险中幸存下来的人就是我们的祖先。

对我们的祖先来说，担忧的能力是一种进化优势，因为这种担忧让他们能够在面对危险时做好战斗、逃跑或是装死的准备，但是如今面对不切实的危险，这种反应就不能算作一种优势了。

这种持续性的担忧转变成了绷紧的肌肉和其他与焦虑相关的生理症状。这种紧张没有得到释放，是因为我们没有战斗、逃跑或是晕倒装死，而且现在的社会也不建议以这种方式应对紧张的压力。

幸运的是，通过学习了解肌肉紧张的现象，我们可以随意放松肌肉，通过放松肌肉，就有可能减轻或消除日常生活中因焦虑而产生的生理症状。

我们一般教给患者的方法源自埃德蒙·雅各布森（Edmund Jacobson）的"渐进式肌肉放松"训练，它包含一系列简单的肌肉收紧和放松练习。刚开始，练习的目标不是放松肌肉，而是学习区分肌肉紧张和放松的状态。通常我们并不十分清楚我们身体的哪个部位长期处于紧张的状态，而正是这种长期的紧张状态让我们感到不适。

重要的是，我们得记住，至少需要持续练习两周的时间才能开始有肌肉放松的感觉。这可能看上去比较困难，尤其是抗焦虑药物可以在几分钟内就能让我们放松肌肉。某种程度上来说这确实很困难，但最主要的困难是许多可能得到深度放松的人没有等待的耐心。放松的益处有很多。学会放松是你永远不会忘记的事情，就像骑自行车一样。所以，一旦我们学会了放松，就不用再依赖药物让自己感觉良好。抗焦虑药物最大的缺点是吃得越多，效果越差，因为身体会产生赖药性。

方框 1 里展示了我从给患者的放松 CD 里抄录的内容。你可以让另一个人为你朗读该文本或者你自己录制到磁带上听来学习这种方法。要记住，留出一定的时间来感受肌肉的收紧和放松是很重要的。你应该留出约 5 秒来收紧肌肉，20 秒或 30 秒来放松肌肉。无须过度收紧肌肉，只要注意到紧张的感觉就够了。真正重要的是迅速放松，而不是慢慢放松紧张的肌肉。这一点很重要，因为我们要学习区分肌肉收紧和放松的状态。我们越快放松收紧的肌肉，就越容易注意到肌肉张力的变化并学会放松自己。

方框 1. 肌肉放松：基础水平

找一个自己舒服的姿势。如果你愿意的话，闭上眼睛，让自己的身体专注于接下来的感觉……

我们先从你的右手臂开始。把注意力集中在你的右手臂上……握紧拳头并感受手指、前臂和整个手臂的压力……保持几秒钟直到你适应这种感觉……现在立刻放松拳头。然后专注感受右手、前臂和整个手臂放松的感觉……专心感受这样的感觉。这种感觉或轻快或沉重，你甚至会感受到轻微的蚁走或发热的感觉……这样就对了。你可能会注意到手臂变得柔软、自如、放松……这就是肌肉放松。让自己感受这种愉悦的感觉……

现在我们再次收紧相同部位的肌肉。再次握紧右拳，紧到你能感受到拳头、前臂和整个右臂的肌肉收紧……再次立刻放松。我们一定要迅速放松，因为只有通过这样的方式,才能尽快学会区分收紧和放松的感觉……现在手臂、前臂和手已经有了放松的感觉。它们已经变得柔软、自如和放松。

自己慢慢有节奏地呼吸,不要用力。慢慢吸入空气到腹部。尝试用肺部下方呼吸,平稳而有节奏,不要用力……

现在,让我们握紧左拳。紧到你能注意到前臂以及整个左臂的肌肉收紧……放松拳头。放松左手、前臂和整个左臂……专注于放松的感觉:沉重感、轻松感、柔和感……手臂和左手都可能有这样的感受。感受这些无害和放松的感觉……你或许已经发现在握紧左拳之后,包括右臂或右拳等身体的其他部位也收紧了。这是正常现象,尤其在刚开始的时候。但重要的是你得集中注意力收紧你想要收紧的身体部位。关键是你要学会让你不希望收紧的其他身体部位保持放松的状态。接下来,学习在收紧其他身体部位的同时保持某些肌肉的放松对你来说是很有用的。

让我们再握紧左拳……再放松……

我们再次感受到手臂放松……左臂变得柔软、活动自如、没有压力……呼吸平稳舒缓,不要用力。进行平稳舒缓、无须用力的腹式呼吸。

现在,让我们收紧面部的肌肉。这有点困难,但是多练习就会做得更好。为了收紧脸上所有的肌肉,你得收紧额头、眼睑、眉头、鼻子、嘴唇、下颌和舌头。现在，我们只需绷紧额头。你需要尝试用力抬高眉毛……抬高……然后放松……再收紧……再放松……额头就会变得柔软光滑，没有紧绷感……

现在收紧眼睑。挤压眼睑肌肉。感受眼部轻微的压力……然后放松。眼睑肌肉放松，变得松弛，你几乎都感受不到它们的存在……

再收紧眼睑……再放松……

现在皱起眉头和鼻子，就像做出厌恶的表情一样……感受眉毛和鼻子收紧的感觉……然后放松……注意你脸上的这个区域放松的方式。眉头和鼻子变得柔软光滑，没有紧张感……再皱起眉头和鼻子……再放松……

现在收紧下颌和舌头，咬紧牙关，让舌头紧贴上颚。感受牙齿和嘴唇收紧的感觉……然后放松……舌头变得柔软放松，没有紧张感。下颌也得到了放松，释放所有的压力……再次收紧下颌和舌头……再放松……

现在面部和手臂的肌肉已经得到了放松。呼吸平缓、舒畅、深沉，没有压力……

接下来，我们来放松颈部。要收紧颈部的肌肉，你应该试着把下巴紧贴胸口，或者如果你躺在床上，可以把头紧贴着床垫。现在收紧颈部肌肉。体会收紧的感觉……然后放松……颈部会感到柔软和放松，没有收紧的感觉……颈部得到放松……再次收紧颈部肌肉。体会收紧的感觉……再放松……你要专注于放松的感觉和逐渐累积的舒适感……呼吸平缓舒畅，手臂、面部以及颈部肌肉得到了放松……

为了收紧肩膀的肌肉，我们要把肩膀向后拉，就像试图从背后摸到肩膀一样。现在收紧肩膀……体会收紧的感觉……然后放松。背部有放松的感觉……再次收紧肩膀……然后放松……肌肉变得柔软松弛……有放松的感觉。

现在我们再次收紧肩膀，但是这次我们要把肩膀向前拉，就好像我们想把肩膀在身前并拢。现在收紧肩膀……体会收紧的感觉……然后放松……胸部和背部有放松的感觉。专注体会这些感觉……再收紧肩膀……再放松……专注放松的感觉：肌肉放松，保持松弛和柔软。享受逐渐放松的感觉……

现在尝试收紧腹部肌肉，就像做仰卧起坐一样。体会整个腹部收紧的感觉……然后放松……肌肉松弛，把你的注意力集中在放松和产生的愉悦感上……再次收紧腹部肌肉……再放松……享受放松时的愉悦感。感受肌肉放松变得松弛柔软的过程……

现在我们来收紧背部中下方的肌肉。你需要尝试向后弯起背部，腹部往前挺。现在弯起背部……体会肌肉收紧的感觉……然后放松……再次感受肌肉放松带来的愉悦感……放轻松……再次收紧背部肌肉……再放松……专注于感受肌肉放松之后产生的舒适感……

继续保持呼吸平缓放松，不要有急促感……吸气，放松身体……呼气，收紧的感觉消失……呼吸平缓放松，不要有压力。让自己放松，保持愉悦。进行平缓的腹式呼吸……

现在我们来收紧右腿肌肉。你需要向前用力绷紧脚尖，就像踩刹车一样……体会收紧的感觉……然后放松……右脚放松；小腿和大腿也一样……把注意力集中在所有放松的肌肉上，注意区分……再次绷紧脚尖，用力到足以感受到小腿和右大腿的肌肉绷紧……然后放松，专注体会这种放松的感觉……

然后，我们来收紧左腿肌肉。你需要向前绷紧左脚，就像踩离合一样……体会绷紧的感觉……然后放松……大腿、小腿和脚部的肌肉都放松……再次绷紧左脚。体会整个腿部肌肉绷紧的感觉……再放松……腿部肌肉放松。左脚、小腿和大腿都放松……你会感受到整个腿部都有一种沉重、平静和放松的舒适感……

你整个身体都放松了下来……双臂……面部和颈部……肩膀……腹部……背部……以及双腿……

呼吸变得平缓深沉，顺畅而不费力，腹式呼吸令人感到放松……感受平静缓和的呼吸节奏……感受深沉平缓的腹式呼吸带给你的宁静……感受自己如何重新充满活力，压力如何脱离你的身体……体会平静与放松带给你越来越强烈的舒适感……让自己体会这些令人愉悦的感觉。你有权利感受平静与放松……

静静享受一会儿这些感受并体会它们如何让你的思想焕然一新……

当你想醒来时，只需提前稍微活动一下你的双腿和手臂，动作要慢，因为这种放松让你的肌肉变得柔软松弛，没有处于绷紧的状态中。

为了让这种肌肉放松练习起作用，每天至少要练习两次，持续 15 ~ 20 天。

建议你尽可能在同一地点进行这项练习，中途不要受打扰。你需要向和你同住的人解释你要做一个肌肉放松练习，需要 30 分钟左右不被打扰的时间。穿上舒服的衣服，关闭手机、电视和广播，给自己一点时间以达到克服焦虑的目的。

我一般会建议患者以 0 至 10 分的标准给自己每天放松的程度打分。我也会建议他们给自己在这项放松练习中的专注程度打分。当他们每天记录下这些数据时，不仅会从这项放松练习中收获更大的益处，还会更好地坚持练习。一般而言，这种记录包括你在每次放松练习中给自己放松和专注程度打出的分数。这项记录能够让我们看到练习中专注程度和放松程度之间的关系，它也能让我们观察到随着时间流逝，我们如何达到更高的放松程度。和所有练习一样，放松的质量会随着每天系统的练习变得越来越好。事实上,在定期练习几周之后,放松的益处就显现出来了。

再往后,当你已经能够通过文本的录音很好地放松时,就可以仅通过每次绷紧肌肉之后放松的感觉记忆来放松自己,不用再进行收紧肌肉的练习。你只需在脑海中回忆右臂、左臂、面部、颈部、肩膀、胸部、背部、腹部、右腿和左腿这些身体部位的感觉。给自己15秒或20秒时间来唤起每组肌肉放松的感觉,即松弛舒展、柔软发热的感觉。如果你要把它记录在磁带上,方框2中的内容可以为你提供帮助。

方框2. 肌肉放松:高级水平

找一个自己舒服的姿势。让你的身体专注于接下来的感受……

我们先从你的右臂开始。把注意力集中在你的右手臂上……然后放松拳头,释放所有压力让它处于放松的状态。然后专注于右手、前臂和整条手臂放松的感觉……专注这种或轻松或沉重的感觉。你甚至可能会感到轻微的蚁走或略微发热的感觉……这是正常的。你或许会发现手臂变得柔软松弛……这就是肌肉放松。让自己感受这种舒适的感觉……

现在手臂、前臂和右手都得到了放松。它们已经变得柔软松弛了。

让你的呼吸变得平缓而有节奏，避免呼吸急促。空气被缓缓吸入并到达你的腹部。试着用肺部下方平缓而有节奏地呼吸，避免呼吸急促……

现在放松左拳。放松左手、前臂和整条左臂……注意力集中在可能出现的放松的感觉上：沉重感、松弛感、柔软感……左臂和左手都有可能产生这些感觉。让这些无害和放松的感觉出现……

左臂变得松弛、柔软、放松，没有绷紧的压力……呼吸依然平缓顺畅，并不急促。腹式呼吸平静缓和，没有用力。

现在我们来放松面部的肌肉……

额头变得松弛柔软不紧绷……

眼睑放松，变得松弛，几乎感觉不到它的存在……

眉头和鼻子不再紧绷……

下颌和舌头也放松下来，不再紧绷。

现在面部肌肉已经放松下来了。双臂也一样。呼吸平静、和缓、深沉，不急促……

接下来我们将放松颈部肌肉。放松绷紧的肌肉……颈部变得柔软松弛，肌肉放松……颈部得到放松……专注于逐渐累积的放松和舒适的感觉……呼吸平缓顺畅，双臂、面部以及颈部都放松下来……

肩膀放松，背部变得柔软、有发热的感觉或松弛下来。肌肉变得松弛柔软……完全放松。

胸部和背部放松。专注体会出现的感觉……注意力集中在放松的感觉上：肌肉放松，变得松弛柔软。享受这种逐渐产生并越来越强烈的放松感……

现在放松可能紧绷的腹肌……肌肉变得柔软，把你的注意力集中在放松和其他令人愉悦的感觉上……享受那种紧绷感消失后的舒适感。感受肌肉如何放松，变得柔软镇静……

现在，让我们把注意力集中在背部的中下方。找到可能绷紧的点……然后放松……放松的舒适感又出现了……把你的注意力集中在这些舒适的感觉上……

呼吸依旧平静舒缓，放松而不急促……吸气，身体放松……呼气，紧绷感消失……呼吸依旧平静舒缓，放松而不急促。感觉舒适，平缓地进行腹式呼吸……

现在我们把注意力集中在右腿上。找到可能绷紧的点……然后放松……右脚放松；小腿和大腿也一样……只需通过唤起放松的感觉来专注于逐渐放松的肌肉……肌肉变得柔软、发热、松弛，不再紧绷……把你的注意力集中到右腿放松的感觉上……

现在我们再把注意力放到左腿上……寻找任何可能还持续存在的紧绷感……然后让这种紧绷感消失……大腿、小腿和左脚的肌肉都放松下来……整条腿都放松下来。左脚、小腿和大腿放松……你的整条左腿都体会到沉重、平静、放松的舒适感……

> 你的整个身体都放松下来……双臂……面部和颈部……肩膀……腹部……背部……双腿……
>
> 呼吸变得深沉、平静、和缓而不急促,腹式呼吸令人感到放松……感受平静和缓的节奏……感受平静深沉的腹式呼吸带来的宁静……感受你如何重新充满活力,压力如何脱离你的身体……感受平静和放松如何让人更加愉悦……让自己体会愉悦的感觉。你有权利感到平静和放松……
>
> 静静享受这些感觉并感受它们如何让你的思想焕然一新……
>
> 当你想醒来时,只需提前稍微活动一下你的双腿和手臂。动作要慢,因为这种放松让你的肌肉变得柔软松弛,没有处于绷紧的状态中。

后续可能出现的问题

磁带录音可能出现的问题应该属于技术方面的问题。要让一盘磁带帮助你放松自己,磁带录音需要有合适的节奏和语调。你的第一遍录音肯定效果不是很好,但是不用担心。你要熟悉文本,多读上几遍,然后用磁带录制一到两遍,直到自己满意为止。之后每天都听听录音,至少做两次放松练习。要记住,随着练习一切都会渐渐好转。

有些人没有得到足够的放松,因为他们很难"摆脱"那些日常生活中的问题。如果你也遇到了这样的情况，不要试图控制自己的想法，也不要试图强迫让自己的大脑一片空白。允许那些想法进入你的脑海，但是要把注意力集中在练习上，这样就会减少它们的干扰。

遭受焦虑危机的人应该意识到，这种练习让你和自己的生理感受之间的联系更加紧密，比如心跳、呼吸、肌肉的感觉等。准确来讲，一切都可能对遭受以上焦虑症状的人产生威胁。如果你也是这种情况，要记住这些感觉都是无害的。同时你也应该清楚，这些放松练习有可能会让某些人产生轻微的换气过度的症状。

其他放松肌肉的方式

适度的体育锻炼是促进肌肉放松的另一种方式。锻炼一定要适度，因为强度太大的锻炼会让肌肉更难放松下来。建议每天快走 1 小时。

每天快走 1 小时后泡个澡或者冲个舒服的热水澡也有助于放松肌肉。

DOMINAR LAS
CRISIS DE ANSIEDAD

第二章
恐慌症：了解焦虑危机

一位朋友曾跟我们讲，有天晚上，她儿子跑到卧室里跟她说："妈妈，我看到我的房间里有个男人。"

她跟儿子说："怎么可能。行了，快回去睡觉。"

但是就在此时，她突然听到一声响动，于是她来到了走廊，她看见走廊尽头的窗户是开着的。那时她非常惊慌。她确信上床睡觉之前窗户是关着的。

一位患者告诉我，她总是在晚上感到十分害怕。她能听见房间里有响动，但是房间里没人，所有门窗也都是关好的。她坚信房间里有奇怪的东西存在。有时候建筑物会因为地基沉降发出噪声，但是我们怎么解释这些噪声又是另一个问题了。

当有人像我第一个故事中的朋友一样认为没有危险时，就会平静应对。当有人认为（确信）危险存在，我们身体做出的反应就是害怕或恐慌。

本章或许是内容最密集、读起来最困难的一章，目的在于让你了解当你面对焦虑危机时不会发生的事情及其原因。许多患者会问：我会感到窒息吗？我会心脏病发作吗？我会死吗？我会在高速公路上开车的时候昏迷而导致发生事故吗？我会精神错乱吗？所有这些问题都来源于我们不可名状的感觉。就像第二个故事里总能听到异响的女人，生理感觉以令人恐慌的方式被解读，导致了错误的警报。

因此，了解和消化本章内容非常重要。套用伍迪·艾伦（woody allen）的话，我们或许可以将本章命名为"你一直想知道（但从来不敢问）的关于焦虑危机的一切"。类似以下的疑问必须被消除：为什么在平静的时候会感到焦虑？为什么我在睡觉、休息或者已经觉得自己没事并减少服药剂量的时候也会焦虑发作？我一定得终身服药吗？如果焦虑愈加严重，我会失控吗？如果心跳持续加快，心脏会爆炸吗？我会因为无法呼吸而死吗？如果我继续在超市排队，我会栽倒在装着"小瑞士"法式奶酪的购物车里吗？当我们在车内听到异响，看到仪表盘开始冒烟且不知道出了什么问题时也会遭受同样的不安感的侵袭——车要爆炸了，我会烧死在里面吗？

有些事情不会因为焦虑而发生，这一点已经很清楚了。不过，先让我给你讲个故事。

这件事发生在镇上的一个熟人身上。当他走在回家的路上时，看到一头公牛跳出围栏向他跑来。他来不及多想，奋起一跳，紧紧扒在了露台边上，公牛从下方走了过去，这位朋友才得以向别人讲述这件事。但是到了第二天，他在讲述这件事的过程中想尝试再现当时奋起一跳的动作时，却抓不到露台边沿了。当时究竟发生了什么呢？

现在到了揭晓谜底的时候了。我们来看看其中的运转机制是什么，以及那些"异响"的来源是什么。

焦虑和恐惧的生理学原理

当面对危险情况时（比如公牛的那个例子），我们身体内部会产生一系列变化。大脑中的警报响起，一种腺体将肾上腺素释放到血液中，心跳因此而加快。身体产生这些变化的目的是什么呢？肠道中的血液需要快速输送到四肢，有时候这意味着消化过程停止而心跳加快。体表（皮肤）的血液需要被抽调到内部，也就是肌肉中去，这是通过收缩体表的血管并扩张肌肉中的血管来实现的。呼吸加快，给血液提供更多的氧气。皮肤变凉，汗腺开始出汗。同时，瞳孔扩大使视野变宽。这又是为了什么呢？（继续阅读前你可以自己尝试回答一下。）

所有这些变化都让身体做好了奔跑、跳跃、攀爬的准备，总之就是让身体做好逃跑和保证安全的准备。处于这种状态的身体能够发挥最大的努力。那位迎面遇到公牛的朋友没有想到他上面有一个露台。很有可能是他在周边视野扩大（瞳孔扩大）后看到了那个露台，他的大脑经评估认为他可以抓住它并促进奋起一跳所需的身体变化。所有一切都发生得太快以至于他没来得及思考。几年前，一个女人看到她的儿子压在车轮下，她来不及思考就冲到汽车跟前抬起车救出了儿子，然后她的脊柱就断裂了。在极端情况下，情绪会和一种未经思考就行动的倾向相关联。恐惧情绪的倾向会导致逃跑行为的产生。

你可能有骑着自行车被狗追的经历。狗在后面追，你骑得飞快，连因杜拉因（miguel indurain，西班牙自行车选手）都追不上！

恐惧表现的方式之一：让身体准备好发挥最大的潜力。恐惧的作用是什么？让我们远离危险，保护我们的生命。对那位遇上公牛的朋友来说，恐惧救了他一命。当我们感知到某种危险或威胁时，神经系统中被称为自主神经系统的部分自动"加快"了身体所有功能的运转。我们自己不用做任何反应。

然而，有时候恐惧也会让我们僵在原地。我们想尖叫却发不出声音，想逃跑却双腿颤抖，似乎对身体失去了控制。这又是为什么呢？为了保护自己的生命，人类在进化过程中发展出的另一种方式就是静止不动（极端案例中就是晕厥）。动物会保护自己的领地且通常不会攻击其他"死亡"的动物。如果你看过《迷雾森林十八年》（*Gorillas In The Mist: the Story of Dian Fosse*）这部电影，当福西博士去看山里的大猩猩时，向导就告诉她不要直视它们的眼睛，也不要逃跑。当一只雄性大猩猩靠近她时，她无法控制自己的恐惧并跑开了。幸运的是她掉进了一个山沟里，那只银背大猩猩放过了她。面对大型动物的攻击，原地不动是最有效的办法。斗牛士们在快被公牛踩到时，他们会立刻躺下并静止不动。

另一个静止不动能救我们一命的例子是，当婴儿离开母亲的怀抱或者母亲在婴儿视线之外的时候。一般来说，当孩子感到害怕并哭泣，母亲就会来将孩子从潜在的危险中解救出来。当婴儿意识到自己爬到高处时，也会发生类似的情况，他就会感到害怕并停下来。当我们恐高时，会觉得头晕、双腿发抖，甚至想直接跪倒在地，这就是麻痹的感觉。有位患者曾告诉我他有一次过桥的时候感到非常害怕（眩晕），双腿发软跪倒在地，直到有人靠近他才站起身来，然后他在那个人的帮助下才过了桥。他的双腿不住地发抖，他需要紧紧抓着路人才能走路。

总之，恐惧可以由两种方式表现出来：逃跑（这意味着交感神经系统"加速"了生命机能）或静止不动（这种情况下副交感神经系统会产生相反的作用，极端情况下人会晕厥）。在这两种情况下恐惧的作用都是保护生命。难道你认为大自然会进化出一种触发后会对我们有害的机制吗？

恐惧和焦虑都有不同程度的划分

当我们晚上一个人在家时，奇怪的响动总会吸引我们的注意力。我们的身体进入一种戒备的状态，比如呼吸急促、心跳加快、肌肉紧张等。如果紧接着我们发现一个小偷正试图翻窗进来，我们就会感到恐慌。

当我们考试前感觉紧张时，焦虑有可能会让我们双手冒汗、吞咽困难、唾液增多或非常心慌。当我们遭受焦虑危机时，我们可能会有十分强烈的、不同于往常的感觉，甚至觉得自己在那一刻濒临死亡。

但是在生理层面上，警戒状态和轻度焦虑之间有什么区别呢？或者焦虑危机和恐慌之间有什么区别呢？没有区别。（请你再回顾一下问题和答案，谢谢！）

心跳加快（心动过速），呼吸节奏改变（换气过度、呼吸困难），有些血管收缩、有些血管扩张（感觉异常），消化中止（腹部不适）……我们可以根据以上症状来定义焦虑危机或状态。

那么，我们如何区分焦虑和恐惧呢？基本上是通过外因来区分的：是否有，理应视使人恐惧的危险或威胁而定（追着我们跑的公牛或狗、翻窗进来的人、压在我们身上的汽车等）。如果没有危险或威胁，那就是焦虑。有些作者提到了"错误警报"，也就是说，在没有动机的前提下产生了强烈的恐惧反应（比如坐在家里看电视的时候）。

想象一下，在动物纪录片里，一匹斑马正在吃草且感知到了一头狮子正埋伏在周围，于是它全身都警戒起来。如果狮子向它扑来，斑马就会产生恐惧并像见了鬼一样飞驰起来。你认为这对斑马是有害的吗？或许斑马被关在动物园里被人精心照料着，没有动物接近或攻击它，这对它来说害处更大。

我们的身体和斑马一样，是为了支持这些变化而设计的。与能够收缩/伸展的二头肌、三头肌一样，心跳也可以变快或减慢。难道你觉得手臂的收缩和伸展会破坏肌肉吗？那为什么心脏就会破碎呢？

血管可以扩张或收缩，它们像是一大块肌肉，能够把或多或少的血液输送到身体需要的地方。比如，害怕的时候，体表的血管收缩，输送血液给肌肉的血管扩张，这会使我们面色苍白。不过当我们脸红的时候，面部皮肤的血管也会扩张。如果它们在不必要的时候（焦虑危机）发挥自己的功能，那么我们的双臂、双腿（抬起或放下），大脑（"我觉得自己要中风了""我感觉神经紧绷"）或是其他任何身体部位（面部变红或因窒息而潮红）都可能有奇怪的感觉。

在骑车被狗追的例子中，我们的注意力都在狗身上，想尽快远离它。在逃跑的过程中我们没有发觉身体的变化，因为我们可能只看到狗的牙齿咬上了我们的裤子，听见狗叫声，感到小腿上滴了一滴令人恶心的唾液，我们甚至能闻到它的味道。如果我们被狗追上，有了一段糟糕的经历，那么所有的细节都会深深铭刻在记忆中。牢记创伤经历的所有细节以避免它再次发生是很重要的。在未来发觉到任何类似的细节后，我们的大脑都会进入戒备状态以提醒我们。当我们遭受焦虑危机时，能听见自己的心跳声，体会到身体内部奇怪的感觉。但这样的感觉是没有道理的：那只狗在内心里面！

许多病人会和罗莎一样，来到急诊处时觉得自己快要死了，而医生表现出的镇定让她觉得很震惊（医生给了她一针安定，就让她坐在椅子上，丝毫不在意）。

总之，我们能通过不同的感受体会到不同强度的恐惧和焦虑，但是从生理上来说，发挥作用的机制是一样的。这些都是我们的身体为了保护我们免受伤害而自然开发出的功能，最终目的是保护我们的生命安全，触发后不会对我们造成伤害，也不会有任何危险。

焦虑危机产生的原因是什么？

焦虑危机会在许多情况下出现：看电视、乘坐公交车、街上散步、开车、工作……甚至在睡眠中。

我们要强调的是，原因不是唯一的。有些人确实比其他人更容易遭受焦虑危机。近期，有研究人员证实第 19 对染色体带有双倍遗传物质的人更易患恐慌症。也就是说，这类人群有焦虑症的遗传倾向。有些作者将它命名为"生理脆弱性"。有些孩子从出生起对强烈噪声这类刺激的反应就比别的孩子剧烈。强烈的噪声让这些孩子产生恐惧，但不是所有孩子的反应都相同。

我们在生活中也会发展出"心理脆弱性"。因此，那些学会在面对不同情况时做出恐惧反应的人会提升自己的紧张程度，变得更脆弱。有些孩子从小就比较容易受到惊吓，更倾向于产生担忧的情绪。他们是什么时候学会这样的反应的呢？换句话说，孩子们能看到他们的父母担忧一切的样子，父母要么是通过高声说话，要么是通过表情或肢体语言传达的态度来表达这种担忧（完全掩饰恐惧是很困难的）。父母也可能会通过与可能发生的事情相关的信息来传递恐惧情绪，从而使这种灾难性的想法成为"预防"的一部分。这些"乐观主义者"总是习惯提醒别人可能遭遇的坏事，例如别人在椅子上坐下、饭后洗澡、骑车、拿起一把刀、独自出门、和同性或异性一起出门、有信心或没信心、表现不佳、心烦意乱的时候。有位患者告诉我，小时候他父亲从来不让他骑自行车，因为害怕会发生车祸。有一次他瞒着父亲借了朋友的自行车并学会了骑车，父亲看到后训斥了他一顿，并以太危险为由不允许他再骑车了。他说父亲从未打过他，也总是对他很好。有时候，长辈为了避免所谓的"危险"而对我们过度的保护，会比让我们用自己的方式面对正常的情况使我们更易受到伤害。

可能与惊恐发作相关的一个因素是焦虑敏感指数（ASI）。高焦虑敏感指数与焦虑的发作和持续相关。另外，它还能将这种障碍和其他焦虑障碍区分开来。与此同时，有人对心跳更敏感。在儿童中也出现了跟成年人类似的差异，即7%~10%的儿童对心跳更为敏感，这个百分比在成年人中是一样的。这个因素和那些拥有极度分离恐惧的儿童相关，这种恐惧只在童年时期产生，它也是导致焦虑发作的危险因素之一。焦虑敏感指数和心跳敏感度之间的关系与成人和儿童的焦虑发作相关。

预示首次遭受焦虑危机的人，可能会出现广场恐惧症症状的另一个因素——对被人嘲笑的恐惧。这种恐惧由两个特点定义：害怕被其他人评价（众所周知的"别人会怎么说"）以及倾向于认为这种评价是负面的（"别人会认为我很愚蠢"）。在公共场合遭受焦虑危机会让有些人觉得很尴尬以致产生这样的连锁反应：

害怕被嘲笑→感觉难受→回避

最后，我们可以用身边大量的例子进行解释。如今有许多人会谈论健康的话题，也经常听见"富拉诺一开始就是这样，你看，那天晚上他就死了"（然后就开始描述自己左臂和胸口的疼痛）之类的话。因为朋友或亲人离世而开始担心自己有可能会出事的人并不少见。如果你近距离接触过死亡，预示死亡的"症状"会深深刻在你的脑海中，尽管有时候这些症状和死亡的原因没有任何关系。有位患者说，一位足球教练在观看比赛的时候因"无法控制情绪"而心梗发作。难道那位患者对那个足球教练的心血管状况很了解吗？所以，我们拥有的信息经常是不充分或错误的，人们却根据这些信息进行不严谨的解读，但是根据那些数据来看，这些信息似乎又是可信的。比如，一个"精神有问题"的人和一个死于脑梗的熟人出现了相同的症状，那么"精神有问题的人"有可能会得中风，这个推测难道是真实可信的吗？

有了生理脆弱性、心理脆弱性和虚假信息这三个要素，就等于有了滋生焦虑危机的沃土。不过，还缺少点燃导火索的火星。甚至在80%的案例中，导致危机出现即点燃火堆的火星是压力。我们将在下一章花大量篇幅来讲这个问题，在这里我们主要关注的是它的影响。不过在这之前，我们先聊聊和神经系统相关的事情。

在我们的身体中有一系列无须我们操心的自主运转的机能。自主神经系统负责这些机能的运转。请执行以下操作：给你的右手一项指令，比如，动动右手的手指。你的右手会立刻做出反应。同样的例子在脚和舌头上也适用。现在，命令你的心率达到140次/分或者让你的左手开始出汗，让你的胃有恶心的感觉。你能做到吗？

这些自发的行动依赖于中枢神经系统，不会对你的指令做出迅速反应。比如，当你进入一间很热的房间时，你会感觉窒息并开始出汗。你有主动做过什么能产生这种反应的行为吗？并没有。自主神经系统承担了这些调节功能，无须你操心。你不觉得这是身体的一个很大的优点吗？这个系统分为两部分：交感神经系统和副交感神经系统。以心脏为例，它们就像心脏的油门和刹车。交感神经系统会在需要的时候尽可能"加快"功能的运转以便逃跑（加快心跳、收缩肌肉、加快呼吸、放大瞳孔、使身体出汗、在血液中释放肾上腺素……）。副交感神经系统是休息系统，当我们关灯躺下睡觉时便开始运转。心跳变慢、呼吸变得平缓深沉、肌肉放松，然后我们便渐渐进入梦乡。

这两种系统相互平衡，也就是说，它们根据需求发挥各自的作用。比如，加快脉搏过一会儿再减慢，升高血压过一会儿再下降。如果你想看看这两种系统是如何运转的，请站在卫生间的镜子前，让走廊的灯亮着，然后拿手电筒对着镜子里你的眼睛，观察瞳孔的变化：见光后瞳孔收缩，关掉手电筒然后你就能看到瞳孔扩大。你自己有主动做什么让瞳孔产生这些变化吗？就像我们之前举的例子，有人骑车被狗追了好几米远，很有可能在刚开始的时候，那个人会经历心跳加快、血压升高、瞳孔扩大、肌肉收缩等变化。当我们已经脱离危险时，副交感神经系统就开始运转，所有加快的机能会得到抑制。

压力会刺激类似皮质醇等物质的分泌，促使我们神经系统的运转速度稍微"加快"，但也不会像被狗追的那个例子里那么快。

想象一下，如果我们有很多工作，到家之后也无法摆脱工作的压力，我们就会开始睡眠不好，早上起床上班之前已经有点神经紧绷的感觉，上班的时候时时刻刻像被勒住脖子一样无法呼吸。周末的时候我们感觉平静了些，但是到了周日下午，我们又感觉周一马上就要到了，一切又要重新开始。我们几乎得不到休息，于是压力逐渐累积。

当我们在火上热牛奶的时候，起初觉得不会有什么问题，但是温度一直在升高。当牛奶开始沸腾时，就会突然往上冒，如果我们不关火的话，牛奶就会扑出锅来。焦虑危机大概就像这样，促使温度上升的就是压力。触发焦虑的点因人而异（生理或心理脆弱性、虚假信息），但我们的神经系统很有可能通过引发一些生理感觉向我们发出某些警告，可能是紧张、睡眠困难、轻微胸闷或头痛、疲倦……但由于人们工作繁忙，这些"警告"通常不会受到太多关注。

危机的出现总是在人们的意料之外，这像是无法解释的事情（有时候确实是这样）。那么如何解读正在发生的事情呢？

如果症状不是太严重，有时候一个令人放心的解读对我们来说就够了，比如，"我可能是吃坏东西了"，或者"这儿太热了，我到外面去可能会好受点"。弗朗西斯科曾说在严重焦虑发生的几天前，他正跟几个朋友吃饭，然后"我突然感觉喘不过气来，不得不去洗手间洗了把脸，之后我觉得那种窒息感好转了一点，能让我吃完那顿饭"。如果我们把这归咎于外因（这里太热了，人太多了，房间太闷了……），我们可能认为通过一些简单的行动，就能解决当下的问题，比如：脱掉衣服或者洗把脸，离开此地或开窗通风，从公交车上下来或者停车……

如果症状很严重，很可能我们对此的解读就会很严重，比如："我要死了""我要窒息了""我心脏病或者脑出血要发作了""我要发疯了"，等等。

所有一切都取决于解读

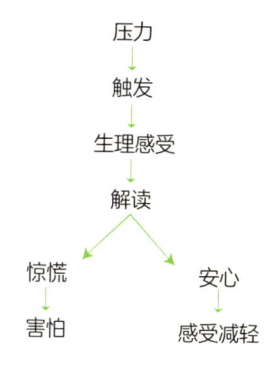

```
压力
 ↓
触发
 ↓
生理感受
 ↓
解读
 ↙  ↘
惊慌   安心
 ↓     ↓
害怕  感受减轻
```

解读就是自己跟自己说明正在发生的事情。如果我的脑中在尖叫"着火啦"，就意味着有坏事要发生，然后我就会去到认为对自己有帮助的地方。在第一阶段，通常只要来到急诊处或拨打112，焦虑危机的问题就能被解决。一般而言，药物能够减轻焦虑。有时候我们会听从急诊处医生或家庭医生的建议进行治疗，焦虑似乎得到了控制，甚至我们能感觉到好转并把焦虑抛在脑后，身边很多人也会认为我们没事了。

第一次焦虑发作后可能会遇上以下三种情况：① 治疗起效，

压力的源头已经切断并且我也痊愈了；② 治疗有效果，但是压力的来源仍在作祟，而且在减少服药剂量之后甚至还在服药的时候，症状仍会反复；③ 焦虑太严重且（或）人太脆弱，以致于产生了新的焦虑危机或让人生活在极度恐惧中，这种疑惧又会引发足够的压力来维持这种恶性循环。

在第一种情况下，安娜把母亲送进医院，照看自己和母亲的房子，去医院陪床，等等。母亲出院后她便陷入焦虑危机，而通过治疗，她的焦虑基本上已经消失了。医生告诉她如何减少药量，而且减少剂量后也没有出现什么大问题。安娜没有读这本书，但是她这种情况确实存在。

在第二种情况下，路易斯和老板在工作上出现了一些问题。他在第一次焦虑发作后吃了一种出名的抗焦虑药并有了好转，于是他自行减少了服用剂量并再次投入工作。但问题依旧存在，而且几天之后他经历了比第一次更严重的焦虑危机。他来到心理中心时，认为导致第二次焦虑发作的原因是药物，所以不愿再吃药了。压力的来源（工作中的问题）依旧存在。

罗莎经历了两次非常严重的焦虑危机，每每想起还是觉得惊恐万分。第一次焦虑发作的时候她坚信自己快要死了。据她所说，急诊中心的医生告诉她，她只是焦虑而已，吃点药就好了。她和丈夫也认为这不是什么大事。但是，由于焦虑复发且她一直处于对焦虑反复发作的恐惧中，她便认为一定是医生诊断错误了。她开始避免出门、独自乘车、去大型商场、排队……她觉得自己没有能力面对这些糟糕的事情。她周围的人也不明白她究竟怎么了，而这会导致争吵，争吵又成为新的压力来源。

在第三种情况下，压力最初的来源已经消失了：罗莎借第一次焦虑发作提出离职，因为她不喜欢那份工作。她在家感觉挺好的，或者说，至少比做一份自己厌恶的工作感觉要好。她想以后再找一份工作，但是对新的焦虑危机及其后果（不想一个人出门或者去人多的地方等）的恐惧又变成了一种压力来源。

恐惧有双重影响。首先是预判：如果有人害怕狗，那这个人看到狗的时候会有什么预判呢？是的，他当然会认为狗会扑上来咬自己。这种预判是自然而然产生的。一个害怕狗的人看到狗之后，就不自觉地会产生这种想法。第二种影响是警惕性：人的五种感官都集中在了狗身上。尽管我们试图分散他的注意力，但是只要狗没有离开，他的关注点就总是会回到那只狗身上。在焦虑危机中，狗代表的是什么呢？问题已经提出，我们来深入研究一下。感官可以预测随时可能降临到我们身上的危险，然后我们就会对这些危险提高警惕。预判和警惕使神经系统处于警戒状态，即紧张状态中。而这种紧张会导致新的感觉产生，从而进一步证实和加剧恐惧的情绪。这就是一个死循环。

总之，大约有三分之一遭受焦虑危机的人甚至在没有进行任何治疗的情况下就可以痊愈。有时候，中或低程度的脆弱性加上巨大的压力有可能会导致焦虑反复发作。有时候，较低的压力加上高度的生理和（或）心理脆弱性有可能会导致恐惧情绪无法缓解或无明显原因的焦虑发作。

不可能发生的事是什么？窒息

呼吸就像是地铁上的标语："先出（下）后进（上）。"为了吸入空气（吸气），我们得先把内部的气体呼出去（呼气）。

许多人认为呼吸困难到一定程度就会引起窒息。实际上会发生什么呢？其实是肋间的肌肉处于紧绷的状态，吸气的时候肌肉没有放松，就不能排出足量的空气。如果出去的空气少，那进来的也会少。这就是所谓的"呼吸困难"。人们认为这种情况会引发窒息。这种解读会让人更紧张。肌肉紧张会导致呼吸更加困难，从而加剧恐惧和压力。有人认为窒息会很快发生，极有可能是换气过度（呼吸急促，因为呼气时肌肉只有放松才能活动自如）。换气过度会增加新的呼吸困难的症状，比如头晕、心动过速、双手发麻等，从而产生焦虑危机。那么我会窒息吗？

不会，因为哪怕你无法吸气，副交感神经系统也会发挥保护机制的作用：

- 放松肌肉（晕厥）。
- 将控制呼吸的机能转交给自主神经系统中心。
- 问题解决后让我们的意识恢复。

不可能发生的事是什么？心梗

胡安在来到中心前经历了一次轻微的心梗。他体重 120 千克，每天要抽两盒以上的烟，血压 180～220 毫米汞柱，胆固醇在 400 毫克每 100 毫升以上。在康复期间，他开始减肥、戒烟并控制血压。他之前就有焦虑症状且已经发展成了广场恐惧症，这些问题在他去穆尔西亚（Murcia）工作之前就已经出现了。现在，他没办法独自出门，总是乘出租车上班（工作地点离他家 200 米），而且有段时间哪怕他看到出租车就在门口，也不敢走出家门。我那时不确定是否要建议他参加那一期焦虑互助小组治疗，因为许多患者害怕焦虑会导致他们心梗发作（而他确实已经有过一次心梗发作的经历了）。最终，他还是参加了小组治疗，而且这种治疗对消除他的恐惧起了很大的帮助作用。我用简单的语言向他们介绍了心梗是什么。就像身体其他部位的肌肉一样，心脏的运转需要血液。血管里可能有脂肪堆积，就像管道里有水垢一样。如果血管壁上的脂肪堆积物脱落了一块，就可能会导致堵塞。如果血管堵塞，它就可能破裂，而如果血管破裂，那么它供血的区域就会缺血甚至导致死亡。如果有一小块心肌坏死，我们还是能够继续存活的。就像登山运动员失去手指或者鼻子上的一块肉，因为冻伤使得血液无法输送到指尖或鼻尖。如果这样的状态持续了很久，就有可能会导致一小块肉坏死。但是少了那一小块肉，我们还是可以继续存活下去的。

这样大概能解释清楚心梗是怎样一回事了。所以，一根血管的破裂，一定和类似高胆固醇、吸烟、高血压以及患者本身血管组织的特点等一系列风险因素相关。因此可以说，有些人有完美的血管组织，而其他人或者说少数人天生血管组织就很脆弱。在这种情况下，这些血管应该能维持15～20年，然后某一天它们就可能会突然破裂。如果你想想西班牙（世界上人口最长寿的国家之一）男性和女性的平均寿命，你就会明白血管系统通常是由可以维持很多年的组织构成的。

因此，心梗与血管的收缩和扩张以及心跳加快没有关系。我们已经了解到，生理层面的焦虑和恐惧是一样的，并且这种机制在有危险的情况下是正常且可取的。

那为什么许多遭受焦虑危机的人会感觉胸口和左臂疼痛呢？因为我们听说过这些是心梗的症状（这种信息有可能是错误的）。我们见过数以百计的焦虑症患者，而其中没有一个人抱怨右臂有疼痛的感觉。他们中也没有人（除了胡安）经历过心梗发作，在4个月的小组治疗和我们通常会进行的后续治疗中也没有发现心梗的迹象。这意味着什么呢？意味着我们不会过分关注身体右侧的疼痛。而如果我们感到心动过速以及胸口和左臂疼痛的时候，我们就会开始担心起自己来（"这是不是心梗发作了？"）并会关注这种疼痛。这种关注和恐惧会使肌肉紧张。试着攥紧一只拳头一小时，你只要有手，就肯定会出现又疼又麻等一系列感觉。呼吸肌肉紧张会导致胸痛，手臂肌肉紧张也会导致对应区域的疼痛。我们又遇上了一个死循环（下页图）。最终去到急诊室也是很正常的现象。

死循环

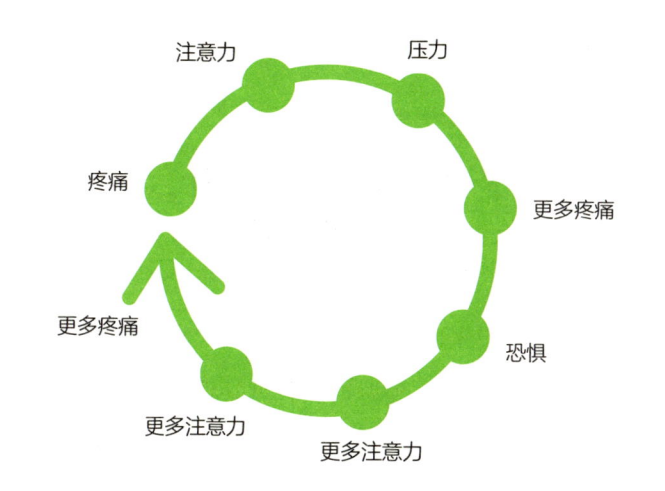

注意力 — 压力 — 更多疼痛 — 恐惧 — 更多注意力 — 更多疼痛 — 疼痛

有人会问过多的压力最终是否会对心脏有害。在第二次世界大战期间的丹麦，人们承受着巨大的压力。他们遭受了侵略、死亡、流放、迁移……毫无疑问，这些事情都意味着巨大的压力。幸运的是，这一时期医疗健康的记录依旧没有中断。多年后，丹麦已经成为欧洲最长寿的国家之一。你觉得哪一代人因心血管问题而死亡的人数更多，是生活在战时或战后的一代人，还是生活富足的一代人？

生活在战时的一代人出现的心脏问题比较少，或许其中的原因与饮食有关。他们吃的是黑面包（全麦）、一点蔬菜和很少的肉。对生活富足的一代来说，有许多加工的食品供他们选择，比如工业糕点、肉类、冰激凌等。因此多年以来，他们的动脉所承受的脂肪堆积压力要比生活在战时的那一代人严重得多。即使持续一段时间的中度或重度焦虑，它们对血管系统造成的危害也小于饮食所造成的危害。

不可能发生的事是什么？精神错乱

有人会因为焦虑危机而精神错乱吗？我们对疯子的一般印象是一个人自言自语、脑海中能听见其他人的声音说一些奇怪的事情，比如外星人请求他拯救世界或者电台的播音员跟他对话并命令他做一些别人不能理解的事情。这里所说的是精神分裂症。

这是一种很严重的精神疾病，受它影响的人口比例在西班牙、美国、南非或日本，即世界上很多地方都差不多。人们认为一定得有某种遗传倾向或者母亲在孕期遭遇某些问题才会患上这种疾病。而触发疾病的苗头（这种疾病"引人注目"的表现）则是压力。但是压力不会导致这种疾病，或者说，是压力唤醒了精神分裂症。精神分裂症病例会因为压力而增加吗？不会。在那些充斥着巨大压力（房屋被毁、家人去世或失踪、生计资本被抵押）的灾难的相关研究中，精神分裂症的病例并没有增加。为什么呢？因为仅压力本身并不会导致"疯狂"。

精神错乱或失常并没有看上去那么简单。有些人因为自己逃离商场、在弥撒仪式或剧院看剧时中途离开、看电影途中让整排观众起身让路以方便自己离场等原因认为自己失控了,但这都是我们因感到恐惧而做出的正常反应。这么做是有"逻辑"的,因为我们认为离开电影院、教堂或超市,我们就会没事了,或者说,我们就能呼吸……总之,这样我们就会有安全感。我们确实被恐惧掌控,但是我们的行为有一套逻辑。如果有人告诉你那只看人眼神恶狠狠的猫是撒旦转世,你能从中看出相同的逻辑吗?

看着镜子里的自己觉得很奇怪或者觉得周围一切都很奇怪是焦虑症的常见症状。对专家(精神病医生或临床心理学家)来说,将这些症状和精神分裂症区分开来就像区分感冒和肺炎一样简单。你肯定也和一位或几位专家咨询过相关问题。

我会晕厥吗?

会,我们都有晕厥的可能。如果我们曾经有几次晕厥的经历,或许我们会向医生咨询原因。原因有可能是我们对糖代谢不佳或者血压突然下降。如果找到原因,就一定要想办法补救。比如,有些青少年不好好吃饭,不吃早餐或挑食……结果有一天他们便因此晕倒了。

焦虑的时候头晕的感觉比晕厥更常见。当我们深入分析这些患者时,发现几乎没人会因为焦虑而晕厥。晕厥很少发生,因为那是身体在面对紧急情况时的防御机制。比如,血糖水平下降会导致晕厥。晕厥是一种尝试恢复正常的办法。事实上,当达到这个目的时，低血糖的人一般就恢复意识了。

有个男人在第二次世界大战期间被执行了枪决。在卡车运送他和其他尸体的途中，他掉进了沟里，昏迷了五天。到了第六天，他醒来了，艰难地爬到一户人家寻求帮助。子弹打穿了他的身体，但是在他失去意识这段时间里，他的身体成功阻止了出血。受重伤的时候，昏迷是减少出血的一种方式。

晕血的人在打针（例如做检查）的时候有可能会晕倒。你认为他们会死吗？他们只会让陪同的人吓一大跳罢了。就像焦虑症患者会预料到自己可能会有哪些感觉一样，晕血的人看到针头后预料到会出血，而身体会做出反应，就像已经失血了一样。因此就会产生"错误警报"或者夸张的反应。

不过，遭遇焦虑危机的人一般会有头晕的感觉。如果你真的要晕倒了，为什么心跳会加快？为什么双手会出汗，看上去非常紧张？为什么会呼吸急促？实际上是因为正在发挥作用的机制（交感神经系统）和引起昏迷的机制正好相反。但是你把这些感受看作昏迷的前兆并表现出恐慌。如果你要晕倒了，为什么你整个早上或下午，或是整整一天都感觉头晕？为什么有时候当你的注意力被某些事情分散时，这种感觉就消失了？为什么服用肌肉松弛剂后这种感觉会减轻？你出现了焦虑的症状，但是这并不意味着你会晕厥，而意味着你处于高压状态中。要不是许多人在每天练习放松之后不再感到头晕，还真没法解释这种现象。记住，放松会激活休息系统（副交感神经系统），这个系统和我们因身体需要而晕倒时作出迅速反应的系统是一样的。放松可以平衡神经系统。也就是说，我们越放松，就越不可能晕倒。相反，放松会让人处于一种清醒、专注、平静的状态。放松能够舒缓紧张的压力，而且我们练习得越多，对自己休息系统的掌控就越好。理想状态就是我们能发现轻度的压力并通过放松来减少压力。但通常情况是，当我们意识到压力的时候，压力已经在我们身体里累积数日或数月之久了，所以因焦虑而引发的头晕总是频繁发生。

为什么我们渴望逃离？
为什么我们不能待在开阔或封闭的场所里？

焦虑症中常见的一种并发症是广场恐惧症。在焦虑危机中，我们认为自己处于危险的环境，所以要寻找能够给我们带来安全感的东西，这样就会产生一些矛盾的情况，因为人们会在不同甚至相反的事物中找到安全感。

如果有人觉得饥饿，正常的做法就是去寻找食物。如果有人十分饥饿，好几天都没吃东西，我们就会认为这个人可能会去做一些他平常不会做的事情。如果有人突然感觉不适（焦虑发作），此人就有寻找安全感的动机。所有阻止此人按这种逻辑行动的事情都会增加焦虑。让我们来看看相同缘由下如何出现完全相反的结果。

从词源学上说，广场恐惧症意味着对开阔的空间产生恐惧，而幽闭恐惧症意味着对封闭的空间产生恐惧。我们马上会发现事情并没有那么简单，因为大多数广场恐惧症患者也会因为难以逃脱封闭的空间而对它产生恐惧。广场恐惧症和幽闭恐惧症相对来说在焦虑症患者中比较常见。正如我们之前所见，如果焦虑危机让我们害怕有糟糕的事情发生在自己身上，那么封闭的地方（我无法逃脱的地方）和开阔的地方（因为没有人所以我无法获得任何帮助）都是会让人产生恐惧的场景，二者的共性是：在需要的时候很难获得帮助。我们朝着某个方向前进，认为这条路上能找到我们的救赎，而任何妨碍或阻止我们前进的事情都会加强我们的恐惧和拯救自己的愿望。就像足球体育场里有些流氓放火烧了看台上的塑料座椅，大火吓坏了观众，觉得只有跳下去才能"保命"。所有人都向草地冲去，甚至有人从那些被栏杆困住的第一排观众头上跳过去，还有些人因窒息而死。保命的做法却致使他们死亡，然而这种恐慌是非理智的，直接以行动表现。

怎样才能让一个有广场恐惧症的人在封闭环境中移动呢？寻找一个紧急出口。这就是为什么在电影院他们要坐最后一排离出口近的地方，要是有可能的话，他们希望一个眼神就能让门打开。哪怕引座员仅仅拉了一下窗帘都会加剧他们的焦虑，让他们难以忍受。同样的事情也会发生在洗手间，尤其是门看上去会卡住的时候，还会发生在试衣间、电梯间、超市、公交车、火车、地铁等人多的地方，或者带着行李在车上的时候……即所有封闭的空间或自己不能随时下车（公共交通工具）的情况。对这类人来说，逃跑已成为当下最重要的事。

最好是做好防范……有人在公交车上第一次焦虑发作，于是好几年都不坐公交车。避开那些我们认为会导致焦虑发作的地方是一种常见的策略。"避开诱惑的人就能避开危险"。

无论是逃离还是避开这些地点都能减轻焦虑，但是这不能解决焦虑的问题。最终来看，恐惧不但没减少，反而增加了。这是为什么呢？因为逃离和回避让我们变得更脆弱，让我们看到自己糟糕的一面，没办法控制自己。这些其实都是"治标不治本"的做法。另外，这样的做法还让我们变成了"古怪"的人（最后我们在无人陪同的时候不能一个人购物或者出门，也做不到过马路去买个面包），我们周围的人也会开始厌倦不得不取消旅行、晚餐时不得不中途离开餐厅、看电影不得不中途离场、没法去迪厅跳舞或是在咖啡厅和朋友们待在一起等这些事情。压力也会因为经常吵架而频繁出现。总之，逃离和回避从中期来看会增加恐惧，使我们越来越缺乏安全感，越来越脆弱。

对开阔空间的恐惧也是这样。如果我在四周杳无人烟的荒野或者高速路上焦虑发作该怎么办？有些患者知道周围50千米内所有健康中心和医院的地点；有些人离开熟悉的家或城市就会焦虑发作；有些人更喜欢有人陪伴（这是最常见的），因为这能带给他们安全感；但是有些人喜欢独处，因为如果焦虑发作，他们一个人能处理得更好；还有些人更愿意在某些地点有人陪伴，以防有意外发生；而有些人过于害怕被人嘲笑以至于他们不希望有任何人陪伴。有一次，一个无法独自出门的患者连续几周让小组里的

广场恐惧症

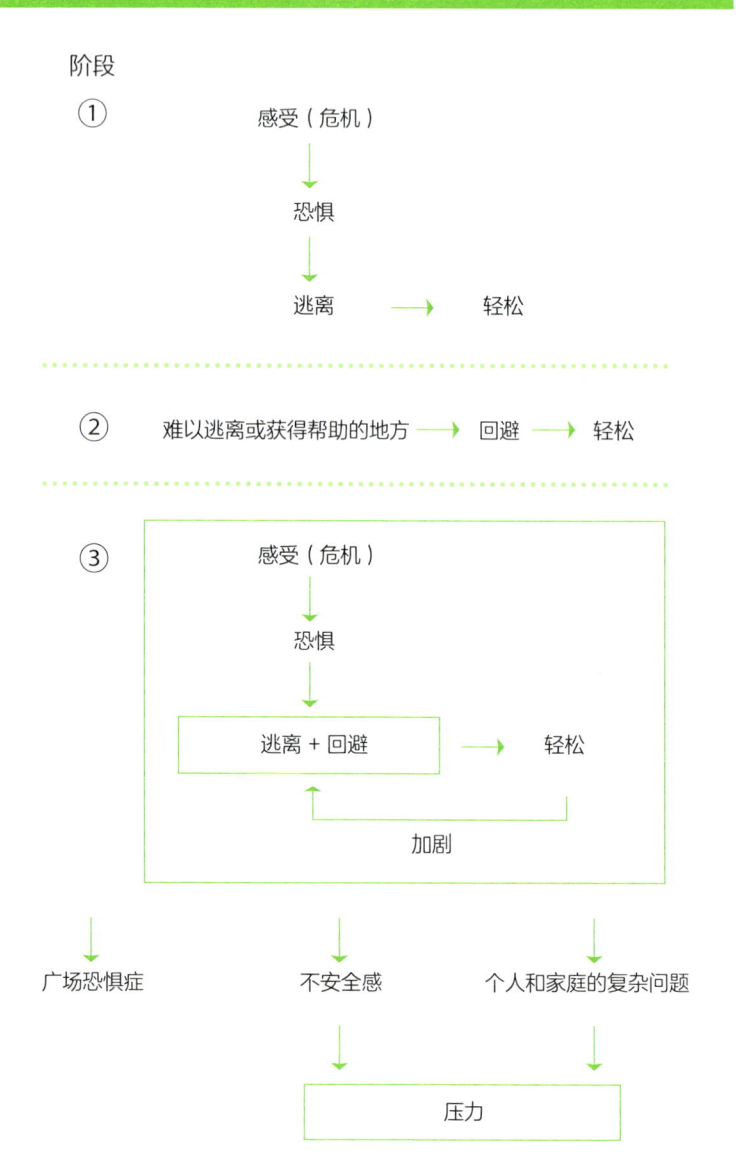

阶段

① 感受（危机）
→ 恐惧
→ 逃离 → 轻松

② 难以逃离或获得帮助的地方 → 回避 → 轻松

③ 感受（危机）
→ 恐惧
→ 逃离 + 回避 → 轻松
↑_____加剧_____|

↓ 广场恐惧症　　↓ 不安全感　　↓ 个人和家庭的复杂问题

→ 压力

人大吃一惊：一周时间里他每天都出去散步一小时。

——怎么可能呢？你以前甚至不能离家超过 100 米。

——因为我一直绕着我家前面的那个医院跑步。

DOMINAR LAS
CRISIS DE ANSIEDAD

第三章
焦虑危机的诱发因素

1936年[①],汉斯·薛利(Hans Selye)提出了一种叫作"一般适应综合征"或"生物应激综合征"的模型。该综合征的特点是对有害的应激源(比如烧伤)产生警戒反应。这种警戒反应并不能无限期地持续下去。如果这种有害的应激源持续发挥作用,就会进入抵抗阶段,许多机体的生理反应在这一阶段为达到适应的目的会产生逆转。但是如果没有达到这个目的或者应激源继续发挥作用,就会进入以死亡告终的疲惫阶段。

神经系统和血液系统是两个能将信息输送到身体各个部位的系统。警戒反应走的就是这两条途径。信息通过皮质醇和肾上腺素等荷尔蒙在血流中传递。一旦这些物质释放到血液中,就会产生一系列变化。肾上腺素的作用,正如我们之前所说,会导致心率加快、血压升高、肌肉中的血液流速加快、凝血机制加快等。皮质醇使血液中的葡萄糖含量增加,从而为应对压力源的需求提供额外能量。获得这种能量的一种方式是将机体内储存的脂肪转化为葡萄糖。这种机制不能无限期地发挥作用应该还是很好理解的。

---

① 应为1930年,原文有误。

基于研究，薛利认为导致压力产生的各种要素本质上决定了相同的生物应激反应。举个例子，一位母亲收到了她儿子战死的消息，这使她震惊而悲痛。结果多年以后她发现那个消息是错误的，她的儿子突然就出现在她眼前。痛苦和喜悦这两种具体事件的相反结果会导致一样的压力，也就是说，对重新调整没有特定要求（生理反应是一样的）。

20世纪70年代，一种压力的交互概念完善了这个模型，使人们更好地理解了为什么相同的事件会在不同人身上导致不同的反应，或者为什么还没发生的事件会依据人们的解读引发压力。不过在这之前，我们先来看几个例子。

真实案例

伊内斯梦见她走进电梯间，按下最高的楼层后电梯开始上升，到了顶楼后，无论她按多少次停下的按钮，电梯还是不听指令一直上升。这个噩梦总是反复出现。

无论在工作中还是在家里，她都没办法拒绝别人的要求，这已成为她生活的常态。如果我们仅从外部观察，有可能会认为这种情况不会造成什么压力：她很年轻，已经结婚4年但还没有孩子，夫妇二人都有工作，收入能够支撑每个月的开销，所以也没有什么严重的经济问题。

佩佩也因为焦虑危机向我们寻求帮助，而我们发现诱发他焦虑的唯一因素是工作方面的问题。他一直为他的叔叔工作，而他一进到工作间就感觉非常难受。老板对他爱答不理越来越明显，在背后说他坏话……圣诞节的时候，除了他，所有员工都收到了一篮礼物。在想到他们还是亲人的时候佩佩更难过了。他认为自己是个好员工，为了提升效益竭尽全力，不计报酬地加班，他甚至代表同事要求加薪。

我们可以在佩佩的例子中发现一些令人产生压力的情况（比如公司把他当作空气）。而在罗莎的例子中，似乎没有类似的情况。他们两个在遭受第一次焦虑危机之前已经处于高压状态数月之久。

压力不仅仅源于发生在我们身上的坏事，比如丧偶、疾病、离异、入狱、失业等，一些令人渴望和期待的事情也会让人产生压力，比如结婚、生子、搬家、升职、退休等。当某个人自己一直以来十分渴望或追求一些事情时，还有谁会说它们都是不好的呢？然而它们是压力的来源，因为这些事情引发了一些我们必须适应的变化。这种适应要求我们付出额外的努力。大多数人在一生中都会遇到以上所述的某些变化，但是他们没有因此而遭遇焦虑危机。所以，压力不是焦虑的原因，但它通常是最重要的诱发因素。那为什么不是所有人都有相同的反应呢？

压力交互模型

在下图压力模型中，压力源（导致压力产生的源头）是环境中任何潜在的威胁。这里的关键词是"潜在"：首先要评估某种具体的情况是否会对我们造成伤害，然后评估某人是否有能力面对这种威胁。这些评估是反复进行的，就像一个电脑程序一样。

压力模型

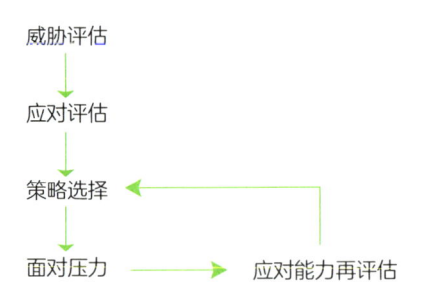

威胁评估
↓
应对评估
↓
策略选择 ←
↓   ↑
面对压力 → 应对能力再评估

阿尔弗雷多的儿子一向学习不错，但有一次他有4门考试不及格。阿尔弗雷多经评估后认为这对他儿子的未来不利（威胁）。看上去儿子可以独自应对。经过思考后，阿尔弗雷多决定罚儿子接下来4周的周末不许出门，并给他制订了严格的学习计划。阿尔弗雷多通过控制儿子在学习上投入的时间施行了惩罚。结果儿子之后的分数更加糟糕。这种威胁变得更严重。他决定和妻子一起解决这个问题。

夫妇二人和老师谈话后发现老师们对儿子的评价很不好。他们感觉老师希望他儿子退学。经评估后他们认为儿子在那所学校里不可能再考好了，于是决定下学期给儿子转学。在新学校里，儿子开始取得好成绩。

在这个例子中，儿子在学校里的问题一直是压力源。评估的威胁可能是发生在我们自己或我们所爱之人身上的坏事（疾病、死亡，或学校、工作、经济、法律上的问题等），但是，正如我之前所说，也有可能是好事。经评估视这种情况为威胁会导致压力的产生，而视这种情况为机遇会导致其他情绪的产生（比如兴奋、急切、快乐等）。怀孕这件事可能被视作一种威胁（所有可能发生在我自己或我孩子身上的坏事）或者一种机遇（对一个漂亮宝贝出生的美好期待）。另外，可能还有人觉得自己无法面对这种情况（"内心深处来说，我并不是那么喜欢孩子，我还没准备好要孩子"），或者有人认为自己能成为一名称职的母亲。属于前者的母亲将如何撑过孕期的每一个重要阶段？如何撑过第一次超声检查、第一次胎动、第一次阵痛？在第一种情况中，母亲有可能会经历一段长期的压力；在第二种情况中，母亲可能满怀欣喜期盼着同样的事情，开开心心地过日子，在一些特定的时刻可能也会有不确定或害怕的情绪。

因此，当变化出现时，人们会对当下的情况和自己的应对能力进行评估。如果我们夸大了情况的影响而低估了自己的应对能力，相较于我们对二者进行正确分析，压力就会大得多。

有些情况没有解决办法（比如离异或爱人去世）。这些情况下应对的办法就是接受事实：这是情绪化的表现。我们既不能让我们所爱之人重新爱上我们，也不能让死去的人复活。

有些问题有解决方法，但是人们可以采用不同的方式面对。比如，处于失业状态时，有人会立刻找工作，也有人安心待在家里领着补贴直到最后一刻。无论如何，生活发生了变化（长时间待在家、受到伴侣的责备、需要完成比平常更困难的工作等），而我们必须适应这些变化。如果有人从一开始就觉得问题很难解决且认为自己没有能力应对，压力水平就会升高。在我们所举的例子中，失业的人认为找工作不是不可能，但也非常困难，"更不用说我既没本事也没背景"。如此评估会导致更大的压力，对找工作一点帮助也没有。

如果这种情况加上对新情况（在家和父母或配偶吵架、完成其他任务后并不开心、认为自己没用等）极差的处理能力，压力就会增加并累积。某一天，没有任何明显原因，也许焦虑就会突然发作，而自此，因为我们已经不再担忧那些令我们感到有压力的事情了，放任危险埋伏在四周，注意力就会转移到焦虑危机上来。

贝尔纳达的母亲住院了。她要处理家务、照顾母亲，有时候会在医院陪床，然后送吃的给她的父亲，帮父亲打扫家里的卫生，同时还不忘照顾自己的家庭，如要在去医院之前把家里的晚饭做好。她忙活这些事情的时候并没有什么特别的感觉，但是当她母亲出院且一切回归正常的时候，有天晚上她正看着电视，突然就有了焦虑发作的症状："我不明白，我最放松的时候……"危险就出现了。母亲住院导致贝尔纳达的生活发生了变化。就像后来她自己承认的那样，她第一次觉得母亲有可能会死去（威胁）。连轴转完成累积的各种任务对适应一种持续3周的情况来说是糟糕的策略。任何一个曾在安全座椅上睡过觉的人都知道两三天后身体是什么感觉。

我们对死亡的态度多多少少都受情绪的影响，比如，这些情绪使得我们视所爱之人的疾病为巨大的威胁，让我们不知所措或比平时更加井井有条。

一些策略能帮助我们更好地应对当下的情况，例如，知道如何委派任务、请求帮助、用别的方式安排家务、休息、不对自己要求太高等。想象一下相反的情况：我想一个人干所有事情，因为不想麻烦别人所以也不让别人帮忙，只要有空就会做家务并且希望保持家里像平常一样极度整洁，哪怕付出不休息的代价。两者中哪一种才是更容易让人适应变化的情况呢？10天之后选择不同做法的两种人谁会感到更大的压力？

因此，同样的情况不会让不同的两个人产生相同的压力。有的人就感觉不到压力。这类人也不会意识到某些物质的消耗会导致压力增加。

卡门开始节食，规定自己只能喝水和健怡可乐。当我问她要不要喝咖啡或者其他提神的饮料时她拒绝了我。当我们聊到饮食并开始计算喝了几杯的时候发现，尽管她已经不节食了，但还是习惯每天喝两升健怡可乐！咖啡因的作用和焦虑的反应类似，而且有可能导致非焦虑症患者心动过速。只是一个程度问题罢了。

总之，人们生活中积极和消极的情况都会使生活发生变化，而我们必须适应这种变化。积极的情况包括结婚、生子、搬家、升职（改变工作内容）、中彩票、买房或出国。人们认为类似的情况都是令人期待的，所以我们把这些情况归为积极的一类。

消极的情况（那些我们自然而然跟压力联系在一起的情况）包括家人患病或死亡、失业、分居或离异、经济问题、工作或法律问题等。当然，有些情况会导致相对而言更重要的变化：比如，在家里天天做着照顾孩子、接孩子放学等事情的母亲离世肯定和远居德国 20 年不曾见面的陌生姨妈去世是不一样的。但是就像我们之前所说的，我们对相同情况的评估因人而异，应对策略也是如此。因此，经历同样情况的人感受到的压力有多有少。

伊内斯，那个总是梦见电梯间的女孩无法拒绝她的老板。她需要完成老板指派的所有工作，哪怕得留下来加班。除此之外，因为她工作效率高，她的同事会请求她帮忙做一些"自己做不完"的工作，而当她看到同事打电话、读报纸浪费时间时就会感觉很不好。伊内斯就像那个不断上升的电梯间一样。电梯升到顶楼仍无法停止……这种超载的状态越来越严重，直到她第一次焦虑发作。于是她决定休息一段时间，而只要想到重新工作就让她觉得非常害怕。作为焦虑危机的"合作者"，她要花费很多工夫才能意识到自己在工作中的态度带来的影响。

如果我们错误地定义压力的问题，在解决问题的道路上就会受到阻碍。伊内斯的例子中，需要改变并以更公平的方式行事的是其他人。她总是不懂拒绝，好像那些事是她"该做的"一样。她是一位好员工、一位好同事和一位好妻子。唯一的问题是那些焦虑危机。

如果我们将重点放在外部因素上，我们能做些什么呢？等待更好的时机。这仅仅适用于那些没有解决办法的问题，比如家人离世、自己被诊断得了绝症、结束一段关系等。尽管这一切对我们来说都是"不可逆转"和陌生的，我们采取的态度可能是：

- 回避并拒绝思考这些事。
- 接受并继续我们的生活，适应这些事情带来的改变。
- 不接受并不断地问自己：为什么？为什么会发生在我身上？为什么是现在？为什么如此突然？

这些没有答案的质问会导致更大的压力，而且这种压力没办法化解，就像人们无法回答这些问题一样。提出没有解决办法的问题是很荒谬的。

更恰当的问题应该是：我是否正在回避某个问题、某个人、某种情况、某种感受？如果是这样的话，我能做些什么来面对当下的情况呢？

- 如果没有解决方法就接受现实。
- 按实际情况或个人情况解决问题。

这通常要求某人做出之前一直拖延的决定，直面回避的人或情况，改变生活方式，等等。需要考虑的是压力源是否依旧活跃以及我们能做些什么来消除压力源。

DOMINAR LAS
CRISIS DE ANSIEDAD

第四章
面对焦虑
"更换芯片"

当我想到悲伤的事情就会伤心，当我想到开心的事情就会感觉高兴一点，当我想到可能发生的危险我的焦虑就会增加。思考在我们每天感受到的情绪中起着至关重要的作用。这里我指的不是有逻辑的理性思考，不是和探究事物本质有关的深刻的哲学思考，也不是试图解决电脑连接问题的工程师的想法。我指的是我们每天跟自己的对话，有时候甚至连我们自己都意识不到，而有时候我们甚至会大声跟自己对话。

谁没有在心里反复演练过向梦中情人告白的场面呢？谁又不曾因为想到梦中情人有可能会拒绝自己的表白而感到伤心呢？这就是我所指的思考的作用。那些有可能会出现在我们脑海中的图片、故事和对话组成了一个广阔的精神世界。这个精神世界拥有一种让我们感受情绪的强大力量，就像电影院里放的电影一样。

谁看了一部悲伤的电影不会感到伤心呢？谁看了喜剧片不会开怀大笑呢？谁看了恐怖片不会感到害怕呢？那些被电影影响，沉浸在故事情节和营造的氛围中的观众不可避免地会感受到导演想让他们感受的情绪。而注意力不在电影上的观众，或者没有沉浸于导演试图营造的氛围中的观众就很难感受到对他们来说可预见的情绪。如果看悲剧时我们一直关注演员糟糕的演技或想到他们在喜剧片中扮演的角色，我们就很难感受到悲伤的情绪。如果我们在一个喜剧系列片中看到一个 50 多岁的矮个子演员戴着金色假发和红帽子扮演小红帽，哪怕之后他演了一个正经的戏剧角色，我们也很难忘记他扮演小红帽的样子。看恐怖片时，如果演员在恐怖场景中大笑或者番茄酱使用太多以至于画面看上去更像番茄酱工厂而不是某个精神病杀手的谋杀现场，我们也很难感受到恐惧。这就是我们本章所说的思考的作用。每次焦虑发作时，"精神世界的电影"总是意外出现，这种思考的作用让我们受到这些"电影"的影响，可我们都没有停下来仔细想想这些令人痛苦的想法有多现实或多合理。

焦虑的真实情况

> **注意**：当你感到焦虑时，内心会以错误或有害的方式解读现实。只要你感受到任何奇怪的感觉，你就会想当然地认为这种感受是有害的、危险的，或者是致命的。这些想当然的想法是可以改变的。

一般而言，我们认为我们会因为发生在自己身上的事情或自己卷入的情况而感到难过。我们认为自己感到恐惧和焦虑是因为心脏病发作、自己可能会精神错乱、自己可能因为头晕而摔倒在地……但是，这些真的是我们感到恐惧的原因吗？经验告诉我们，现实不仅仅是我们用眼睛看到的事物。我的内心、我对现实的感知和理解对现实情况以及不好的事情对我产生的影响做了更多的说明。比如，当我发现自己心跳飞快时，我的心脏不会吼叫："哎！听好了！你现在心脏病发作了。你马上就要死了。"我的内心，基于对心梗症状或多或少的知识，或者仅仅根据心跳加快就是心梗发作的想法，可能会发出警报，解释说这里发生了"很严重的问题，需要去急救中心，这就是心梗发作"。这样区分可能会有些愚蠢或比较学术，但是心动过速和心梗发作不是一回事。对自己有奇怪的感觉和精神错乱也不是一回事。觉得头痛剧烈、有刺痛感和中风或脑血栓也不一样。区别在于我们内心如何分析和解读现实，心理学上对相关内容进行了很多研究，尤其是关于如何对现实进行更真实而非灾难性的解读这方面的研究。

当我们感到恐惧或焦虑时，我们的想法通常非常重要，尤其是那些刚好在我们感到难受之前思考的事情。事实上，在那些初始的想法中存在着我们感觉糟糕的关键原因。

有些患者希望知道那些想法的来源。他们问我："为什么我恰好在想那件事而不是其他事？"每个人一生中都会有一系列直接经历和通过发生在熟人或家人身上的事情获得的间接经历。每个人都从生活经历中形成了一些关于自己、世界和未来的基本观念。这些观念是不受他人质疑的信仰、价值观、态度和规则，是从自己有意识起或在一段重要经历中所认定的事实。这里有一些基本观念的例子：

- "未知的事情是危险的。"
- "批评代表主观上的拒绝。"

- "如果没人喜欢我那我就什么都不是。"
- "我必须取悦别人。"
- "我是弱者。"

这些基本观念会使人更容易感到焦虑或产生焦虑障碍。因此，假如某个人坚信未知的事情一定是危险的，当他面对不了解的情况或感受时就更容易感到不安、担忧或恐惧。从未质疑过批评和主观上的拒绝没区别的人更倾向于将任何批评都视为主观上的拒绝，坚信自己是弱者的人面对任何陌生或有挑战性的情况时更容易感到胆怯。

焦虑中扭曲的现实

哲学家笛卡尔（René Descartes）猜测，我们对现实的评判可能在我们没有意识到的情况下被某个"邪恶天才"修饰或篡改。这种概念可以让我们了解现实中遭受焦虑危机的人身上都发生了什么事。为了"更换芯片"，减轻曲解生理感受以及紧张情况的倾向，我们需要学会和自己的想法保持距离。我们不一定要完全相信这些想法的真实性，而要把它们视为对现实的可能真实、错误或不全面的解读。人们需要"更换芯片"并习惯在感觉糟糕时质疑自己自动产生的想法是否真实可信，问问自己有哪些确凿的证据能支持或反对我们对现实的解读。

很多时候，我们视现实为任何人很容易就能看到或证明的事情。事实并不完全是这样,现实还有许多细微差别。一个微笑代表什么?它有可能意味着喜爱、讽刺、同伴情谊、挑逗、主观的蔑视、友谊、与陌生人的默契……微笑出现的场景加上我们的个人经验使我们用不同的方式解读这个微笑。一般而言,我们在类似场景中的经验越多,就对自己的解读越确信,但总是还有质疑的余地。

当我们不确定对某种情况或身体知觉的解读是否正确时,很有可能犯了以下所列的某些逻辑错误。

任意推论:在不考虑客观证据的情况下,通过对当下情况的任意解读得出结论。这是患有焦虑障碍或其他情绪障碍的人扭曲认知的基础。例如:有一天你起床后感觉有些沮丧或易怒,或许你会认为自己可能是昨晚没睡好,或许可能今天就是无缘无故地感觉低落没有动力,然后你就觉得自己的状况变得更糟了,自己是没有前途的。我们已经把这些正常和短暂的沮丧感转变成了代表一切都会变得更糟的证据。这就是一种任意推论,因为如果加上更确凿的证据,我们一样可以得出这样的结论:今天你可能就是起床的时候心情不好,明天又是新的一天。

灾难化思维:这是一种特殊的任意推论,也被称作"占卜者的错误预言"。它指的是在没有足够证据的情况下得出即将发生坏事的结论。这种认知扭曲在焦虑症患者身上很常见,是导致焦虑危机的主要原因之一。例如:你觉得胸口有刺痛感,于是得出结论:"我要死了,这是心梗发作的症状";你感觉胸闷,于是心中警铃大作:"我要窒息了";你感觉心跳加快,于是就想:"结果肯定会很糟糕"。第一次焦虑发作时出现这种灾难性思维的症状是正常的。我们焦虑的内心更易于得出消极的结论并夸大危险。随着新的焦虑危机出现，我们有越来越多的证据表明这些症状不会导致死亡。事实上，我们一次都没死过但是曾有一千次濒临死亡的感觉。我在这里说的是死亡，因为这刚好跟我们举的例子相关，但是其中的道理同样适用于"精神错乱""患上中风"或者"失控"的想法。无论哪种情况，这些想法夸大了那些症状所代表的含义，导致了不符合现实的灾难性解读。

读心者：这是一种特殊的任意推论，指在没有充足证据的情况下声称知道他人所思所想。例如：如果我不再有焦虑危机，我的丈夫就不想再陪我了。多年来我们渐渐认识了许多人，但是我们从未停止彼此了解。可能那位女士的丈夫厌倦的是她本人而非她的疾病或疾病带来的限制，可谁又知道呢？妻子不敢一个人出门，总是要求丈夫陪着她，但是，如果她没有焦虑危机，她的丈夫会和她分开或离婚吗？如果可能性最大的答案是否定的，那这里所说的就是"读心者"的情况。

个人化：在没有充足证据的情况下认为其他人对自己持消极的态度。例如：我不想陪妻子去大商场，因为这会导致我非常焦虑，而当我看到她严肃的表情时感觉非常糟糕。我觉得她表情严肃是因为我不想陪她，但事实上是因为她和朋友约好一起去喝咖啡，但是她刚刚得知她朋友的母亲也要加入她们。世界不会总是围着某个人和他自己的问题转，我们不能总是把其他人的烦恼归咎于自己。

选择性抽象： 只关注某种情况的部分信息（负面信息）。例如：在我接受控制焦虑的治疗时，心理医生告诉我焦虑不能被治愈，只能"被控制"。而我只听到了"焦虑不能被治愈"这句话，"开心地"忘记了别人曾告诉我焦虑可以"被控制"这回事。

过度概括： 过度概括某件具体的事件并得出消极的结论。例如：第一天进行控制焦虑的肌肉放松练习时我没有放松的感觉，所以我感到很痛苦，我觉得自己学不会放松，学不会正确的呼吸方法，也学不会克服扭曲的想法。但是，请注意！我只是第一天练习的时候没法放松自己，还没有尝试多练习几天或其他的治疗方法。是我过度概括了当下的情况。

放大： 过度重视某种经历消极的一面。例如：有一天我去超市购物的时候突然感觉很紧张，不得不离开超市立刻回家，于是我整个下午都很沮丧，认为这对我来说是不可原谅的退步。我觉得最终我只能整天把自己关在家里，无法出门。其实当然是我夸大了消极的后果和这件事带来的影响。

缩小： 不重视某种经历积极的一面。例如：虽然有一天我无法独自去超市，但是在另一天我可以做到这件事了，而且我的妻子还为此在我回家的时候向我表示祝贺，但我没有重视这件事，还淡化了我能独自去超市这件事的重要性。某一天，我因为自己无法独自去超市而感到沮丧，而当我能做到这件事的时候又否定做成这件事的重要性。为什么有时候我们很容易过滤自己的经历，只留下对我们来说最有害的东西呢？

两极化思维： 认为现实非黑即白，而不是将它看作灰色地带。

将世界、经历、人、自己等以极端的方式分类：好的或坏的、聪明的或愚蠢的、致命的或无害的等。例如：如果我没有一开始就明白控制焦虑的方法，那我就是愚蠢的；咖啡是致命的，因为它会让我心跳加快；我是个坏人，因为我独占我的伴侣是为了让自己永远不孤单。哪里规定人们一开始就很容易明白心理学家的意思了？当然，如果一开始你还不太明白某些内容，肯定是我们没表达清楚。咖啡是"致命"的吗？它可能会使心跳加快，但是心率加快是因为你对这种生理感受的变化感到恐惧并以灾难性的思维解读这种感受。如果我认为心动过速是心梗发作的前兆，毫无疑问你肯定也会认为我应该是患有焦虑症，但是把咖啡视为"致命"的东西，仿佛它是一种强劲的毒药，这就有些过分了。我的思维似乎是以两极化的方式运转的（无害或致命）。因为你独占了伴侣所以你就是"坏人"吗？我们生病时，伴侣抛开其他事情待在我们身边是为了让我们有所依靠。或许有必要反思一下你将坏事和会触发保护行为的恐惧混淆到什么程度了。你为了继续生活，以真诚的方式奋斗，并得到了某位专业人士的帮助，这样说来我们很难把你定义为"坏人"。

情绪化推理：把情绪作为解读现实的依据。例如：如果我感到害怕，就一定有危险。好吧，哪里规定情况是否危险取决于它们是否让你害怕了？如果某件事对所有人或大多数人构成危险，那它就是危险的。如果某件事让你感到害怕但不构成危险，那么客观来讲，这不会使它本身变得危险。某种特定的症状，比如心动过速或头疼，当它们发生的概率较低时，本身并不危险。有时候，在第一次焦虑发作之前，甚至你自己都不会觉得这种症状有什么好害怕的。哪怕你确实感受到了头疼和不适，如果你之前没有对这种症状产生恐惧，而且如果据你的私人医生所说，这次的头疼和你第一次焦虑发作之前的头疼症状是一模一样的，那为什么你现在会觉得这种症状更危险呢？我们再来看另一个例子："如果我没有好转，那一定是因为我没有解决办法。"在许多情况下，患者总是很快就失去耐心。常年遭受焦虑危机折磨的患者，只要感觉自己一两周内没有好转，就会认为这证实了他们无药可救。目前，心理医生还不会创造奇迹，患者需要有耐心并允许专业人士来帮助自己。你的情绪有可能具有欺骗性。认为自己没有解决方法不是有逻辑的推理，而是情绪化的推理。有逻辑的推理应该是："我要花三四个月的时间来尝试这个心理医生的疗法，这种疗法应该是基于与焦虑症治疗相关的科学研究。"心理医生不是要求患者投入多年时间才能看到疗效，只要求他们花三四个月的时间，或者进行12至15个疗程，有时候要求的时间甚至更短。

断言"必须……"：严格执行和自己或他人的义务相关的规则。例如："既然我已经知道自己的状况，我就一定会好转。"如果某人了解了自己的状况却没有好转，就很有可能会感到内疚。然而，治疗没有这么简单。你会因为焦虑症状而感到恐惧，而这种恐惧又会导致焦虑加剧，从而产生焦虑危机。仅仅知道这些是不够的，还需要逐步进行一系列的练习来合理地控制那些症状并面对非理性的恐惧。

这些认知扭曲的现象可能会单独或一起出现，就像两极化思维的例子中，把咖啡归为危险的东西（两极化思维）和对心动过速-心梗发作的恐惧（灾难性思维），二者同时结合在了一起。

如何"更换芯片"来克服焦虑

当面对令我们感觉糟糕的情况时，我们自动产生的想法中包含了导致我们感觉不适的关键，因此，很有必要在我们感觉焦虑之前就发现不同情况下自动产生的这些想法。一旦我们了解了这些想法是什么，下一步就是质疑支持或反对这些想法的证据。尤其要注意那些会导致我们仓促地得出结论和以灾难性思维解读现实的认知扭曲的现象。

在了解并消除你扭曲的认知之前，我们先来简单回顾一下我们所了解的关于认知扭曲的知识。在练习1中你可以看到一列认知扭曲的类型和一列定义。试着把每个定义和它对应的认知扭曲类型相匹配。正确答案在本章最后。

练习1. 从属分类

说明：区分每种认知扭曲类型和其对应的定义。

类型	定义
1. 任意推论	A. 把我们的情绪作为解读现实的依据。

续表

类型	定义
2. 灾难化思维	B. 严格执行和自己或他人的义务相关的规则。
3. 选择性抽象	C. 一种特殊的任意推论，也被称作"占卜者的错误预言"。它指的是在没有足够证据的情况下得出即将发生坏事的结论。
4. 过度概括	D. 在不考虑客观证据的情况下，通过对当下情况的任意解读得出结论。
5. 两极化思维	E. 过度概括某件具体的事件并得出消极的结论。
6. 情绪化推理	F. 只关注某种情况的部分信息（负面信息）。
7. 断言"必须……"	G. 认为现实非黑即白，而不是将它看作灰色地带。

现在，我们要做一个更复杂的练习，不过这个练习会帮助你更好地认识我们思维中产生的认知扭曲的现象。在练习 2 中你会看到一列认知扭曲的类型，另一列里是扭曲的现实情况。试着找出每个例子中出现的主要认知扭曲类型并写下它的序号。正确答案见本章末尾。

练习 2. 我是如何扭曲现实的?

说明：识别出现的认知扭曲类型。

认知扭曲类型：

1. 任意推论。
2. 灾难化思维。
3. 过度概括。
4. 两极化思维。

5. 情绪化推理。
6. 断言"必须……"。
7. 选择性抽象。

扭曲的现实情况	认知扭曲类型
A. 你感觉心跳加快,于是就想:"结果肯定会很糟糕"	
B. 心理医生告诉我焦虑不能被治愈,只能"被控制"。而我只听到了"焦虑不能被治愈"这句话。	
C. 如果我没有一开始就明白控制焦虑的方法,那我就是愚蠢的。	
D. 你觉得胸口有刺痛感,于是得出结论:"我要死了,这是心梗发作的症状。"	
E. 第一天进行控制焦虑的肌肉放松练习时我没有放松的感觉,所以我感到很痛苦,我觉得自己学不会放松,学不会正确的呼吸方法,也学不会控制扭曲的想法。	
F. 有一天你起床后感觉有些沮丧或易怒,或许你会认为自己可能是昨晚没睡好,或许可能今天就是无缘无故地感觉低落没有动力,然后你就觉得自己的状况变得更糟了,自己是没有前途的。	
G. "如果我没有好转,那一定是因为我没有解决办法。"	
H. 你感觉胸闷,于是心中警铃大作:"我要窒息了!"	
I. "既然我已经知道自己的状况,我就一定会好转。"	

现在我们可以准备捕捉出现在你内心的想法。有可能你会认为你的情况不一样,觉得自己在面对危机时什么都不会想。这让我想起发生在那些声称自己从不做梦的人身上的事。只需要让他们每天早上起床之后多注意一下脑海中首先浮现的想法,几天

之后，他们就能记住大量的梦境。类似的情况也会发生在我们脑海中自动浮现且会加剧焦虑的想法中。很多时候我们似乎什么都没想，好像一切念头都是自动产生的。在我们感到焦虑之前，我们觉得自己什么都没想，脑海中也没出现任何画面。我的绝大多数患者或多或少都能够意识到他们感到紧张之前脑海中浮现的想法或画面。的确，刚开始的时候这可能会有些困难，但是随着不断地练习，捕捉我们脑海中浮现的想法和画面就会变得越来越容易。

浮现在脑海中的想法也可能不像你现在正在读的完整的句子，有时候它像是一种心理速写，融合了对某种情况或某个人本身的一系列想法、信念和评价。一个害怕自己心梗或中风发作的人脑海中出现的可能仅仅只是"它来了"这三个字，或者是破裂的管状物的潦草画面，这是很正常的现象。但是，那句脑海中简短的尖叫意味着什么呢？什么"来了"：死亡？结局？心梗？中风？那破裂的管状物又代表什么？正在破裂的脑动脉吗？搞清楚这些涵盖很多意义的想法或画面的一种方法，就是把它们都写在纸上，并问问自己它们和焦虑之间的关系。"它来了"意味着我害怕什么？我的痛苦指向的是哪里？当下引发我焦虑的主要恐惧是什么？那一刻我最不想看到什么事发生？只要一点点耐心并给自己机会查明心理速写中隐含着哪种恐惧，或许就可以查清给焦虑危机火上浇油的到底是什么。

为了让人在面对焦虑症状时能够逐步控制那些引发痛苦的想法和画面，我给我的患者推荐了一种方法。这个方法要求你在每次感觉糟糕的时候尽可能及时地记录下每种情况中出现的三个要素：① 触发情境，即我和谁正在哪里做什么事情；② 那些在我脑海中自动浮现的并赋予触发情境某种含义的想法或画面，在没有验证它们是否和现实相符或相适的情况下，我越是相信它们，它们对我的影响就越大；③ 我对触发情境的自动解读导致的消极情绪。我们可以在表格 1 中填写当我们身处糟糕的情况时脑海中自动浮现的想法以及焦虑发作之前的感受。

表格 1. ABC 表格

A. 情境	B. 你脑海中自动浮现的想法和画面是什么？	C. 你感觉如何？
你和谁正在哪里做什么事情？	在感觉糟糕之前你脑海中浮现了怎样的想法和画面？你自己相信它们吗？	你感到焦虑、沮丧、悲伤、恐惧、羞愧、绝望吗？

要知道，有时候触发情境的可能不是我们一般所理解的"情境"，不一定是在某个地点和某个人做某件事。有时候触发情境的可能是之前经历的回忆或者我们脑海中浮现的莫名其妙的想法。这些想法也可能和焦虑的创造性解读有关。就像人们嘴上常说的，

"我一点也不愿意想起那件事，那让我感觉很糟糕"。过去的回忆或未来可能发生的事情都是引发焦虑状态的常见因素，焦虑状态最终有可能会变成焦虑危机。

焦虑危机通常发生在拥挤的场所，比如超市、大型商场、公共场合、公交车……（见例1）。人群聚集一般会使这些场所里的人备感压力，从而引起和压力及焦虑相关的生理感受，比如浅呼吸、肌肉紧张、心动过速。紧接着，我们的思维通过对这些生理感受的灾难性解读做出糟糕的预测，放大了这些感受的严重性。于是浅度呼吸加重了换气过度的症状，头晕、不安或晕眩这些通常伴随着换气过度的症状也随之出现。紧随其后的是灾难性的预言："如果我头晕，我就会摔倒在地上（死亡）。"这种思维运转过程就像是引发焦虑危机的连锁反应：灾难性解读（"这很危险"）后紧跟着的是和焦虑相关的生理感受（"头晕"），而这种感觉加剧只会进一步证实那些灾难性解读和预言（"这确实很危险""我可能会死去并摔倒在地"）。在这个例子中，"死亡"这个词甚至都没有出现在患者的脑海里。在之后的一次面谈中，患者才意识到当时他极度害怕摔倒在地，因为对他来说"摔倒"是一种心理速写的表达，意味着"摔死"或者"我可能会死去并摔倒在地"。焦虑危机可能在几秒钟之后就会出现。

例1. 填写 ABC 表格

A. 情境	B. 你脑海中自动浮现的想法和画面是什么？	C. 你感觉如何？
我在超市。 超市里人很多。 我正在肉食区排队。	我感觉头晕。我觉得我可能会晕倒，摔倒在地上（死亡）。 我对这种想法的确信度有90%。	我觉得自己很紧张。 呼吸困难。 感觉到一股热浪袭来。 感觉恶心、心跳加快。

我的一位患者最近刚经历了例2中的情境。他之前已经遭受过其他类型的焦虑危机。他经常害怕心动过速或胸痛会导致心脏病发作。在我们分析的情境中，焦虑危机的出现完全在他意料之外，因为那时他正"平静地"待在家里。通常焦虑危机会在家外面出现。然而，令他感到奇怪的是，那天他在家的时候焦虑发作了。正如我们所分析的，那天其实他并不是"平静地"待在家，因为那时他正在看一部恐怖片。我们需要记住的是一个人并不会真的因为心脏病发作、脑出血或失控而产生焦虑危机，产生焦虑危机是因为出现了和它相关的症状且对这些症状的解读总是令人感到不安。当我们因这些"正常的"生理感觉受到惊吓时，焦虑危机就在此刻产生了。如果一个人正在看恐怖片且任由自己代入导演为他准备好的情绪中，那么他感到恐惧并表现出例如肌肉紧张、心跳加快、呼吸急促等伴随恐惧出现的症状就是"正常的"现象。如果这些因为看恐怖片而出现的正常的令身体不安的症状让我们感到恐慌，我们就会脱

离恐怖片本身而沉浸到自己的恐怖电影中,即沉浸到针对这些症状的灾难性解读中。

例 2. 填写 ABC 表格

A. 情境	B. 你脑海中自动浮现的想法和画面是什么?	C. 你感觉如何?
我正和朋友在家看恐怖片。	我胸口疼。我心脏病要发作了。 我要死了。 我对这种想法的确信度有 90%。	我感觉胸闷。 呼吸困难。 我的身体在发抖。 我感到非常紧张。

在例 3 中,一场激烈的争吵导致了焦虑危机,争吵后不一会儿焦虑就产生了。对我的患者来说,当他意识到这种情况时,焦虑就如天降大雨一样淋了下来(尽管这可不是什么上天的赏赐)。然而,当我们谈论起发生的事情时,发现一个小时前他已经因为和老板争吵而处于高压状态中。那次争吵扰乱了他的心神,因为他间接地感觉到别人要他为他没犯过的错误负责。别人没有直接指责他,但是这使他更难反驳是自己的错,就像是在暗示自己一样。回到自己的办公室后,他还在反复琢磨这件事,在这时他开始对自己产生陌生感和疏离感,这使他脱离了他正在回想的事情而陷入焦虑危机。他曾经所处的情境令他无法为自己辩驳,让他压力很大,导致他的身体出现了最初的症状,这些症状在之后又引发了焦虑危机。当他开始质疑自己的自控能力,且脑海中开始闪现一些画面,暗示自己如

果发泄出怒火会发生什么事情时,这些想法就会给焦虑火上浇油。这一切都让他感到恐慌不安,使他注意到连自己都无法解释的奇怪感觉,就好像是对自己产生了陌生感和疏离感,无论是他还是周围的环境,一切好像都有所改变但又仿佛还是从前的样子。他知道自己是谁,也知道自己在哪里,但是又有一种陌生感,这令他感到很痛苦。"就像我疯了一样",他这样概括这种陌生感。他从来没有精神错乱过(他并没有任何精神病史),但是对他来说,"所有一切"都可能导致他精神错乱,这令他十分难受。他觉得自己将永远处于这种痛苦的状态中。于是焦虑危机就完全形成了。

例3. 填写 ABC 表格

A. 情境	B. 你脑海中自动浮现的想法和画面是什么?	C. 你感觉如何?
和我的同事在办公室 (不久之前我和老板就公司出现的一个问题大吵了一架)。	我觉得自己很奇怪,对自己感到陌生和疏离。 如果我失控了该怎么办? 我感觉自己有种强烈的冲动(我还不太清楚这到底是什么感觉,因为我不想伤害任何人)。 (精神错乱) 我对这种想法的确信度有90%。	我感觉胸口痛。 有窒息感。 大量出汗。 非常紧张。 心跳加快。 血液似乎在沸腾。 有很奇怪的感觉。

无论什么原因,在度过一段糟糕的时光后出现焦虑危机是相对常见的事情。要知道,那些令人备感压力的状况会使我们面对焦虑时更加脆弱。如果我害怕与焦虑和压力相关的生理感受,那

么令我感到压力或焦虑的一切事物都会引发那些令我恐惧的感觉。有时候，我们所谓的"正面压力"也有可能导致那些生理感受的产生。好的变化或好消息也会给我们增添压力。典型的例子就是结婚。原则上来说，结婚算得上是个好消息，但是随着公民身份的改变，人们需要做出许多调整，这些调整可能会令人感到压力，比如：生活环境改变、承担起新的责任等，这一切都令人备感压力，然而人们并不总是有能力处理这些和压力相关的典型变化。

不过，压力不一定会在人们处于压力（正面或负面）环境的同时导致焦虑发作。焦虑危机其实通常发生在我们专注于当下的情况并尝试解决问题的时候。随后，更可能发生的是这种由压力导致的身体变化创造了一种特殊倾向的状态，即倾向于产生与压力相关的生理反应的状态。而正是在此时，我们面对不断增长的焦虑会更脆弱。此时已经没有待解决或分散我们注意力的问题了，也没有肌肉紧张、呼吸困难、胸口疼痛或其他压力大的人会出现的典型生理反应。这样一来，焦虑危机就更容易产生。我们甚至会开始回避那些令我们感到紧张或倾向于引发焦虑症状的情境。

一旦我们已经进行了一定的练习来发现那些自动浮现的想法，就可以对这种练习做一些改动，在表格上加几列内容来分析支撑我们想法的证据并探索其他的解读（D列）。重要的是我们处于焦虑危机中时，要对自动浮现在我们脑海中的想法和画面提出疑问。我们对那些症状的预测和解读与现实中正在发生的情况并不一致。我总是对自己说:"我要死了""我要摔倒了""我要精神错乱了""我心脏病要发作了",但是这些想法从来没有发生过。如果我愿意,我可以为同一部电影一次又一次产生情绪起伏,但是如果我对电影的演员、表演和特效评头论足,那我就很难为同一部电影一次又一次感到激动。如果我对焦虑状态下自动浮现的想法产生质疑,我逐渐就不会受这些想法的影响了。我告诉自己我已经死了一千次但我还活着,和对自己说"在这种情况下,这是最后结局了",这两种情况是不同的。我是根据什么来预测的呢?有什么证据来支撑我的想法?我真的会永远处于这种无尽的痛苦中吗?我已经多次证明了这些危机时而出现时而消失,它们不会持续存在下去。无论它们有多令人痛苦,最后总是会过去的。要知道,正是这种你在危机中的焦虑情绪在阻碍你对信息进行理性分析。焦虑会触发自我保护的本能,先让我们警觉起来以便迅速做出反应,在这之后我们才真正开始思考。通过反复的实践,如果我们逐渐把注意力转移到同样的元素如何反复出现上来,恐怖片给我们的惊悚感就会越来越少。

为了让质疑想法的任务更容易实现,有一个很有用的方法,就是把它们写在纸上,假设它们是另一个人写的。通过这种方式,这种体验就更有治疗意义,我们可以逐渐积累证据,来证明事情很少会像我们想得那么严重、有害或危险。

在最后一列(E列)中,我们需要写下在改变了我们对当下情况或感觉的解读后,我们感觉如何。因为随着练习的推进,尝试退一步来看每次焦虑危机中发生的事情,我们的情绪会发生越来越大的变化。

可以添加表格 2 内容到表格 1。

表格 2. 补充到 ABC 表格的 D、E 列内容

D. 你有什么证据?	E. 你感觉如何?
你的想法符合现实吗? 有什么证据支撑? 又有什么证据反驳? 你相信这些新产生的想法吗?	经过更现实一点的思考后再重新评估你的不适症状,看看是否发生了某种改变。

我们再回顾一下之前的例 1 以便加上最后两列内容得到 4:

例 4. 填写 ABCDE 表格

A. 情境	B. 你脑海中自动浮现的想法和画面是什么?	C. 你感觉如何?	D. 你有什么证据?	E. 你感觉如何?
我在超市。超市里人很多。我正在肉食区排队。	我感觉头晕。我觉得我可能会晕倒,摔倒在地上(死亡)。我对这种想法的确信度有90%。	我觉得自己很紧张。呼吸困难。感觉到一股热浪袭来。感觉恶心、心跳加快。	我曾经头晕过很多次但是从来没有晕倒过。不会有人因焦虑而死。这感觉很糟糕但不致命。我对新想法的确信有80%。	更平静了。目前还有点紧张,但是会过去的。

一般而言，自你注意到 B 列中的想法起经过的时间越久，就越容易填写 D 列中的内容。你在危机中的焦虑状态会"引导"你的想法，使你更难以不同的方式看待事物。然而，通过练习，你会发现这些想法总是不断重复。把这些想法写下来可以帮助你摆脱脑海中扭曲现实的倾向，让你更清楚地看到现实情况。如果你有足够的耐心，就会证实那些灾难性预言并没有实现：很多时候你感到头晕，觉得自己好像要摔倒了，但是最终你并没有摔倒；很多时候你认为人会在这样的危机中死亡，然而这样的事件并没有发生；有人好多次觉得自己已经处在精神错乱的边缘，然而这也没有发生。有人好多次觉得自己马上要脑卒中或脑血栓发作，但实际上这也不会发生。在以后的情况中我们必须考虑到是否有证据证明事件会发生。

我知道有时候你害怕的事并不会出现，是因为你认为"某件事"奇迹般避免了最终的悲剧，比如：我找到了一个可以让我坐下来休息的地方、我可以出去"透透气"、我放下了手头的事情、我中断了某次谈话或某节课程……有时候我们好像找到了"神奇"的方式来减轻焦虑并开始回避那些让我们感觉不好的场景或感受。稍后在相应的章节中我们会再次谈到如何克服这种弊大于利的回避倾向。

来看看另一种情况（例 2—例 5）：

例5. 填写 ABCDE 表格

A. 情境	B. 你脑海中自动浮现的想法和画面是什么？	C. 你感觉如何？	D. 你有什么证据？	E. 你感觉如何？
我正和心脏病朋友在家看恐怖片。	我感觉胸口疼。我要心脏病发作了。我要死的。我对这种想法的确信度有90%。	我感觉胸闷、呼吸困难。我的身体在发抖。我感到非常紧张。	焦虑不会引发心梗。胸口的刺痛感时有时无。这种刺痛感是换气过度的典型症状。我总有一天会死，但肯定不是现在。我对这些想法的确信度有75%。	我感觉更平静了。似乎慢慢呼气能帮助我克服这种窒息感。

了解我们的身体在焦虑危机中的反应是很重要的。通过加强对这些症状的了解，就更不容易受到灾难性解读的影响或做出悲观的预测。我们之前介绍的控制呼吸的练习组合也有助于让人平静下来。你现在已经了解了克服焦虑危机的斗争包含两个层面：

- 斗争的第一个层面，更侧重于缓解那些令我们感到恐惧的症状，通过放松和控制换气过度来实现。
- 斗争的第二个层面，我们的首要任务是尝试消除对压力和焦虑引发的身体症状的恐惧。

当我们刚开始尝试克服焦虑危机时,第一个层面达到的效果还是不错的,第二个层面对应的是对所述危机更高级的控制。通过对灾难性想法和悲观预测的控制,可以初步达到这种水平。那些缓解症状的策略(放松方法、控制换气过度的呼吸方法等)应该逐渐放到后台运作。这样就能够更好地控制那些引发焦虑危机的想法。

让我们来看最后一种情况(例3—例6):

例6. 填写 ABCDE 表格

A. 情境	B. 你脑海中自动浮现的想法和画面是什么?	C. 你感觉如何?	D. 你有什么证据?	E. 你感觉如何?
和我的同事在办公室里(不久之前我和老板就公司出现的一个问题大吵了一架)。	我觉得自己很奇怪,对自己感到陌生和疏离。如果我失控了该怎么办?我感觉自己有种强烈的冲动(我还不太清楚这到底是什么感觉,因为我不想伤害任何人)。(精神错乱)我对这种想法的确信度有90%。	我感觉胸口痛。有窒息感。大量出汗。非常紧张。心跳加快。血液似乎在沸腾。有很奇怪的感觉。	这些奇怪的感觉是换气过度导致的。失控是不太可能的。强烈的冲动只是紧张的另一种表现,但失控不是那么容易的事。我对这种想法的确信度有80%。	还是感觉紧张,但是比之前好多了。

将焦虑的影响视为焦虑本身的表现有助于以更合适的方式看待现实，从而帮助我们减少对生理感受的灾难性解读。重复练习这种方法有助于将有关我们生理感受的新型信息处理方式自动化。随着时间推移，加上焦虑危机期间我们对自身反应的冷静观察，在我们面对那些生理感受时，失控的警戒反应会越来越迟钝。

问问自己有哪些证据可以支撑我们脑海中自动浮现的想法和画面是很有必要的。因为我感觉胸口疼就下意识觉得我要死了并不意味着这种想法真的会实现。尤其是在我已经因为类似的焦虑症状去过急诊室好多次的情况下，我需要问问自己有什么证据证明那种疼痛就是心梗的前兆。如果到医院吃了抗焦虑药之后症状就消失了，我就不太可能患有心脏病，那么就有证据表明这种疼痛可能是呼吸过于用力的结果。

因为自己有很奇怪的感觉，对自己和周围熟悉的环境产生了陌生感和疏离感，我下意识地认为自己有可能精神错乱，这并不意味着我就会永远处于这种痛苦的状态。我的身体对焦虑产生的反应迟早会消退，要是这种症状不停止，我也会纯粹因为疲惫而睡着。换气过度的症状并不好受，但是当我停止过度呼吸后，这些症状会逐渐减轻。

我认为我会因为某次头晕或晕眩而摔倒在地并不意味着那真的会发生。如果我能控制过度呼吸，头晕的症状就肯定会消失。另外我也从未见过任何一位病人因为头晕或晕眩而摔倒在地。

有时候，可能识别那些引发焦虑的想法对我们来说有些困难。而通过练习，或一旦知道自己寻找的是什么，许多患者便能发现他们能更容易察觉那些想法，有时候这些想法转瞬即逝但影响深远。

开始练习这种方法后，你可能会发现一个问题，即你能够正确地分析你的想法并尝试用其他方式来解读现实，可你并没有成功改变你的情绪状态。导致这种问题的原因通常是相较于那些经分析产生的不同想法，更偏向于相信那些自动产生的消极想法。如果我们不相信对现实的新解读，我们就很难感受到好转。一般而言，我们可以通过练习来解决对新解读的不信任感问题。

> **正确答案**
>
> 练习1：1-D，2-C，3-F，4-E，5-G，6-A，7-B
>
> 练习2：A-2，B-7，C-4，D-2，E-3，F-1，G-5，H-2，I-6

DOMINAR LAS
CRISIS DE ANSIEDAD

第五章
克服对生理感受
的恐惧

一个"怕狗"的人很清楚自己的恐惧来源于外部。害怕没什么攻击力的小狗听上去不可理解，不过至少这种恐惧不会变得过于复杂。如果我们避免和狗接触，一般来说我们还是可以继续生活的，不会出现什么大问题。害怕狗的人一般也不会因为这种恐惧而感到不幸、受阻或沮丧。最简单直接的办法就是避免和这种令我们感到十分害怕的动物接触。如果我们不碰到狗，就没有任何问题。

遭受焦虑危机的人有类似的恐惧，但是解决办法更复杂且因问题未得到解决而产生的影响更大。为了更好地理解，我们可以想象焦虑症患者所遭受的情况就好比怕狗的人肚子里（或身体里的任何地方）藏了一只狗。这个人的悲惨之处就是他无法逃离或避免跟狗接触，不能使自己的生活摆脱犬科动物。他可能回避那些会引发新焦虑的情景，尽管通常而言，这种回避会给人的日常生活带来严重影响，加剧不适感。

为了真正消除这种对生理感受的恐惧，更好的策略是以循序渐进的方式直面这些感觉，以便用另一种方式看待这些感觉并消除恐惧。接着说这个怕狗的例子，如果必须提出一种克服它的方法，我们可能会尝试被心理学家称为暴露疗法的经典策略。

自 20 世纪初起，人们就知道消除恐惧的一个好方法就是直面所恐惧的事物，直到恐惧感消退。当我们小时候从滑梯上摔下来时，精通心理学的奶奶总会爱抚我们说："好了好了，没事了，如果今天你没有好起来，明天你会好起来的。"然后我们被重新抱到滑梯上继续玩，我们就不害怕了。奶奶确实知道如何处理这种恐惧情绪。

许多研究恐惧症的科学家或许都会认可奶奶的办法。很显然，人们可以设立一些实践的步骤和规则以便让这种方法以最佳的方式发挥作用，即以最少的不适感收获最好的效果。这就是我们本章要讲的内容。

摆脱恐惧的科学方法

暴露疗法是克服恐惧症最有效的方法之一，不过这种暴露不仅仅是直面那些我们害怕的感觉或场景。要特别注意的是，在没有适当计划的情况下，暴露于恐惧会增加我们的恐惧感。

可以通过想象或切身体验暴露于恐惧的刺激，也就是说，想象我们正在体会那些可怕的感觉（心跳加快、窒息等）或者真正触发这些感觉。根据突然暴露（直接暴露于我们最大的恐惧中）或逐渐暴露（以循序渐进的方式将自己暴露于从低到高不同程度的恐惧中）这两种情况，我们也可以对所述感觉的暴露情况打分。我们建议以"循序渐进"和"切身体验"的方式进行暴露。尽可能慢慢来，但是要亲身体验。有时候，想象暴露可以作为亲身体验暴露的预备步骤。但是在没有面对真实场景的情况下完全克服恐惧是几乎不可能的事情。

各种科学研究加上我们自己的专业经验使我们认为如果能够做到以下几点，暴露疗法会具有最大的疗效：

- 亲身体验。
- 持续时间长（3小时以上）。
- 频率高（尽可能多尝试）。
- 完全专注于正在做的事情（不要分散注意力来减轻焦虑）。
- 不服用抗焦虑药物。
- 如果正规临床实践中没有特别推荐，就不要服用任何精神药物。
- 不摄入酒精或任何减轻焦虑的非处方药物中含有的物质。
- 不使用任何护身符或其他减轻我们心理负担的东西。

暴露在恐惧的刺激下最大的好处就是我们的身体无法超出某个限制无限度地产生焦虑症状。当面对前文所述的无害刺激（比如焦虑引发的生理感受）而产生焦虑时，让自己停留在恐惧的情境中会使焦虑的反应逐渐消退。

在最初的焦虑危机中，当某个人因焦虑而出现一些令人害怕的生理感受时，基本上有两种选择：

- 尽一切可能减轻这些感觉。离开当前所处的环境或

"随便做些什么"来减少类似心跳加快、胸闷、头晕等感觉。

- 专注于这些生理感受并耐心等待,直到这些感觉消退,与此同时你会发现这些感觉虽然不好受但不会造成什么实际伤害。

第一种选择很有吸引力,因为它使我们短期内不再感到难受,不过我们会得出一个很危险的结论:逃离了可怕的情境后便坚信逃避是减轻焦虑最好的方法。这在之后的情境中造成的后果通常是我们容忍焦虑的强度减小了,时间减少了。逃避被视作一种"不算太差的解决办法",而之后我们会更进一步,开始习惯性回避那些想法、感觉和令人恐惧的情境。我们可能会得出结论:"如果去超市会让我焦虑发作,我为什么还要去呢?""如果性行为会让我心动过速,我为什么还要这么做呢?""如果参加聚会使我头晕,我为什么还要去呢?""如果和老板吵架后我会出现胸痛的症状,我为什么还要跟他吵呢?""如果上学让我感觉很糟糕,我为什么还要去呢?"与此同时,这样的想法会使我们的社会生活、个人生活(学习和工作)变得越来越糟。

通常第二种选择对大部分人来说更难受,因为你要体会那些可怕的感觉,从而加剧焦虑和那些生理感受的强度。这种情况下你的确切的预期是焦虑和不适感只会越来越强烈,直到心梗、血栓形成、中风发作或精神完全失常。因此"正常"(通常情况下)的做法应该是尝试通过逃避所处的情境来缓和当下的感觉。

对焦虑引发的生理感受有恐惧情绪的患者会变得非常"疑神

疑鬼"，最后总是高度关注自己的身体状况。之前经历过的心动过速和其他身体上的症状使患者越来越害怕出现新的焦虑。然而，他们永远无法证实自己的恐惧是否会成真。逃避身体上的焦虑症状的患者永远无法证明他们最消极的预测是否会实现。除此之外，逃避或回避那些感觉或情境肯定会产生一定的影响："幸好我离开了超市，否则我可能会心梗发作。"如果没有离开超市就真的会心梗发作吗？答案很可能是否定的。心跳可能会持续加快，但是最终你害怕的事情并不会发生，而焦虑反应会自行逐渐减轻。一个人不可能永远处于心动过速的状态中，尽管有时候你确实会这样想。这种情况适用于任何一种焦虑症状。

让自己停留在当下的情境中体会令人恐惧的感觉会更困难，因为人们会感受到焦虑在加剧，认为这种痛苦没有尽头。实际上，将自己暴露在恐惧之中，不做任何尝试来回避这种恐惧并专注于当下发生的事情（心里清楚这只是焦虑而已，且不管这种感觉有多难受，没有人会因焦虑而死）是证实焦虑最终会消失的唯一有效方法。我们练习得越多，焦虑消退得就越快。

然而，你也不应该认为自己无论如何都要进行这种练习。要记住，你必须遵守的两条基本规则是：① 你需要好好评估一下自己将会暴露在哪种情境中，不要逞强或急于克服你的恐惧；② 至少在还没感受到一丁点好转之前，尽量不要有意识地逃离自己当前所处的情境。在感到放松之前就逃离所处的情境会让你对自己是否能正确面对恐惧产生质疑，你会错误地认为这种暴露疗法对你没有效果。

接下来让我们了解一下为了采取有效的暴露方法来控制对那些生理感受的恐惧所需要的步骤。

循序渐进地摆脱恐惧

要消除对生理感受的恐惧，第一步要搞清楚我们害怕的是在什么情况下出现的哪些感觉。接下来，就需要以循序渐进的方式有计划地练习将自己暴露在这些感觉中。通过反复练习，我们对上述感觉的恐惧就会渐渐消退。

逐渐识别令人害怕的感觉

在最严重的焦虑危机中，患者通常无法清楚地了解这些危机从何而来，就好像它就这么莫名其妙地发生了。然而，如果稍微注意一下，就会发现焦虑危机来源于那些看似"正常"实则"奇怪"的感觉。这听上去像个文字游戏，但其实不是这样的。通常，哪怕看上去似乎没有任何事情引发焦虑，一个处于焦虑危机中的人也会对当下的现实情况进行两个层面的处理。在第一个层面上，他关注自己的日常活动似乎再正常不过。而与此同时，在更深的层面上，他会持续关注自己的身体是否运转正常。就像一个母亲跟邻居愉快地聊天时会因为听到儿子正在隔壁的房间哭泣而突然离开。房间里吵闹声很大，因为所有孩子都在里面，但是尽管母亲没有一直特别注意，或者说有意识地关注孩子们所在的房间，她还是能辨别出哭泣的那个是她的孩子而不是别人的。

当一个人对生理感受产生恐惧时，就会不自觉地持续关注身体发生的变化，尽管生理感受其实取决于日常生活中每一个瞬间发生的事情。

患有夜间恐惧症的患者通常会在半夜惊恐发作。有时候我的患者会以此为例来引起我的注意，想知道是否真的是"那些想法"引发了他们的焦虑。我总是这样回答：当你睡觉时，你的大脑不会完全停止运转。要是我们睡觉的时候大脑就"关机"了，在遇到以下必要的情况时，我们就醒不来了。比如：我们会听不到小偷进门的脚步声，孩子哭的时候我们也没法来到摇篮边哄他，邻居的鼾声也吵不醒我们……在某种层面上，大脑一直在处理信息。晚上睡觉时突然被噩梦惊醒并不是夜间焦虑发作的原因。这种事情有可能发生，但这并不属于夜间惊恐发作。夜惊症发生在非快速动眼睡眠阶段，通常集中在第 2 或第 3 阶段，而噩梦一般出现在第 5 阶段（REM 睡眠：Rapid Eyes Movement - 快速眼动睡眠期）。夜间惊恐发作正是因为我们的大脑还在继续运转，关注着身体的变化，以确保在我们睡觉时不会发生什么灾难性事件。一旦感知到被归为危险一类的生理感受，警报就会被触发，紧接着我们就会惊醒。面对其他任何危险警报（无论是真的危险还是想象中的危险），我们都会像这样惊醒。

那么有哪些"正常的"感觉被认为是"奇怪的"呢？通常情况下，我们似乎希望自己始终保持不变，不要出现身体或生理感受上的巨大变化，但实际上这只是一种知觉恒常性的影响。举个例子，哪怕我在不同颜色的光照下，还是对自己和自己的肤色有自知之明。尽管看上去我的肤色更像是蓝色、绿色、红色或黄色的（取决于灯光颜色），我的感知会倾向于补偿这种颜色变化的差别，我也会一直认为我的肤色实际上应该是偏褐色的。在第一次惊恐发作之前，同样的道理也适用于我们的生理感受。通常，我们不会注意心跳速率、呼吸频率、体温等其他经常会发生变化的生理感受。自从第一次焦虑发作后，由于建立了这种持续的监控机制，我们开始意识到这些变化，而如果我们以灾难性的思维解读这种新发现，即这些时有时无的感觉，或直接通过它们得出消极的结论，我们就会感到惊慌。

为了能够识别那些令我们害怕的主要生理感受，我们接下来要进行一系列能够触发不同生理感受的练习。从这里开始，我们将计划通过一系列的额外练习来逐渐摆脱对所述感觉的恐惧。练习方法[1]如下：

- 摇头。左右摇晃脑袋，不要太用力，持续30秒。这项练习会引起头晕或丧失方向感。
- 抬头。将头夹在双腿间30秒然后迅速抬头。这项练习会使人立刻有晕厥或低血压的感觉。
- 屏住呼吸。尽可能屏住呼吸，至少坚持30秒或40秒来触发胸闷或窒息的感觉。

---

[1] 所列出的练习方法来源于：戴维·H. 巴洛和米歇尔·G. 克拉斯克2000年所著的《驾驭焦虑和恐惧－自助手册》（第三版）。得克萨斯大学圣安东尼奥分校心理学中心。

- 绷紧身体。在不让自己产生疼痛的前提下绷紧身体（包括面部、下颌、颈部、双肩、双臂、背部、腹部和腿部的所有肌肉）1分钟。你可能会感受到肌肉紧张、无力和身体某些部位的颤抖。

- 陀螺运动。找一把办公室转椅坐上去，让别人帮你转椅子1分钟。这项练习会让你感到头晕目眩。如果你在旅行时很容易晕车晕船甚至因为头晕而呕吐，就慢点来，或者直接跳到下一项练习。如果你没有转椅，另一种练习的方式就是站起来自己转圈。不过头晕的时候能有个舒服的大椅子休息还是比较方便的，以防我们因为头晕而摔倒，最好把周围的家具都移开。

- 用力过度呼吸。站着或坐着都可以，尝试尽可能快速用力地深呼吸1分钟。就想象你为了庆祝节日，需要在1分钟内吹起50个气球。这项练习会引发换气过度的症状——不真实感、头晕目眩、呼吸困难、发热或发冷、头疼等。

- 用吸管呼吸。用嘴含着饮料吸管慢慢呼吸1分钟，不要通过鼻子呼吸，这会引发窒息感。

- 慢速呼吸。尽量慢慢呼吸1分钟。这和上一个练习一样会引发类似的窒息感。

- 凝视。睁大眼睛，死盯着墙上某一点或者镜子里你的影像，持续2分钟。这项练习通常会让人产生不真实感。

有规划地暴露于生理感受

按照上文所述的 9 种方法进行练习并在如下所示的对应表格中记录下每项练习带给你的感受。给每项练习引发的感觉打分，说明感觉的强度、引发恐惧的程度以及它们和你在焦虑发作时所经历的感受的相似程度。

请采用以下评分标准：

测量的评分标准

1	2	3	4	5
无	轻微	一般	非常	严重

注意：这些练习强度适中，因此适合任何健康状况良好的人。如果你对自己的健康状况有疑问或患有某种疾病，请咨询你的医生以确认上述每项练习是否适合你。

练习 3. 摇头

说明：左右摇晃脑袋，不要太用力，持续 30 秒。

引发感觉	感觉强度	恐惧程度	现实相似度
头晕			
丧失方向感			

第五章 克服对生理感受的恐惧　119

续表

引发感觉	感觉强度	恐惧程度	现实相似度
其他			
最高分			

练习 4. 抬头

说明：将头夹在双腿间 30 秒然后迅速抬头。

引发感觉	感觉强度	恐惧程度	现实相似度
晕眩			
低血压			
其他			
最高分			

练习 5. 屏住呼吸

说明：尽可能屏住呼吸、至少坚持 30 秒或 40 秒来触发胸闷或窒息的感觉。

引发感觉	感觉强度	恐惧程度	现实相似度
胸闷			
窒息感			
其他			
最高分			

练习 6. 绷紧身体

说明：在不让自己产生疼痛的前提下绷紧身体（包括面部、下颌、颈部、双肩、双臂、背部、腹部和腿部的所有肌肉）1 分钟。你可能会感受到肌肉紧张、无力和身体某些部位的颤抖。

引发感觉	感觉强度	恐惧程度	现实相似度
肌肉紧张、无力			
虚弱感			
颤抖			
其他			
最高分			

练习 7. 陀螺运动

说明：找一把办公室转椅坐上去，让别人帮你转椅子 1 分钟。这项练习会让你感到头晕目眩。如果你在旅行时很容易晕车晕船甚至因为头晕而呕吐，就慢点来，或者直接跳到下一项练习。如果你没有转椅，另一种练习的方式就是站起来自己转圈。不过头晕的时候能有个舒服的大椅子休息还是比较方便的，以防我们因为头晕而摔倒。最好把周围的家具都移开。

引发感觉	感觉强度	恐惧程度	现实相似度
头晕			
恶心			
其他			
最高分			

练习 8. 用力过度呼吸

说明：站着或坐着都可以，尝试尽可能快速用力地深呼吸 1 分钟。就想象你为了庆祝节日，需要在 1 分钟内吹起 50 个气球。这项练习会引发换气过度的症状——不真实感、头晕目眩、呼吸困难、发热或发冷、头疼等。

引发感觉	感觉强度	恐惧程度	现实相似度
不真实感			
晕眩			
头晕			
呼吸困难			
发冷			
发热			
头疼			
其他			
最高分			

练习 9. 用吸管呼吸

说明：用嘴含着饮料吸管慢慢呼吸 1 分钟，不要通过鼻子呼吸，这会引发窒息感。

引发感觉	感觉强度	恐惧程度	现实相似度
窒息感			
其他			
最高分			

练习 10. 慢速呼吸

说明： 尽量慢慢呼吸 1 分钟。这和上一个练习一样会引发类似的窒息感。

引发感觉	感觉强度	恐惧程度	现实相似度
窒息感			
其他			
最高分			

练习 11. 凝视

说明： 睁大眼睛，死盯着墙上某一点或者镜子里你的影像，持续两分钟。这项练习通常会让人产生不真实感。

引发感觉	感觉强度	恐惧程度	现实相似度
不真实感			
其他			
最高分			

在练习中你是否感到恐惧？你的感受是否和之前焦虑发作时的感受相似？有时候，这些练习并不能让人产生恐惧的感觉。没有引发恐惧的原因可能有很多。有时候以上练习可能不会引发恐惧。如果你害怕的感觉和我们试图引发的感觉无关，那你就需要发挥自己的创造性来寻找可以使你产生恐惧的练习方法。也有可能由于你练习的方式和我们推荐的方法相比更温和（很有可能是因为你对可能出现的感觉太害怕了），这些练习不能让你足够恐

惧。如果是这种情况，你需要提醒自己这种练习过程的重要性：如果你不把自己暴露在这些令人恐惧的感觉中，我们就很难使这些恐惧消退。

你没有感到恐惧的原因也可能是你知道自己正通过练习有意引发恐惧。这种情况很常见，也并不是不好的现象。这正好能说明这些感觉无法造成实际伤害以及引发焦虑的正是我们由这些感觉产生的灾难性想法。因此，"我清楚地知道自己是通过练习产生了这种感觉"的想法就没什么可担心的了。这个道理也同样适用于你的日常生活：如果我自己能引发这种感觉且这并没有什么特殊的意义，那说明当我在日常生活中体会到类似感觉时，这些感觉也没有什么特殊意义。如果你仍对日常生活中这些感觉代表的真正意义有疑问，你可以回顾一下第二章和第三章的内容。

为了完成对暴露疗法的规划，你需要在"最高分"这一栏中列出每项练习每一列里打出的最高分（强度、恐惧程度和相似度）。我们将选出和现实相似度这一项最高分小于3（"中间值"）的练习方法以便继续进行后续的练习。

如何进行暴露练习

暴露于恐惧刺激的效果，体现在你通过重复练习后的焦虑消退。也就是说，你练习暴露的次数越多，就越能克服那些生理感受带给你的恐惧。正如我们在本章开头所说的，如果你尽可能长时间频繁地进行练习，且无论那些感觉让你多难受，还是努力专注于体会它们在当下带给你的感受，暴露疗法就会更有效。分散集中于感觉的注意力是使得这些练习无效的原因之一：如果体会这些感觉的同时又想着别的事情，焦虑就不可能消退。

如果你正根据自己的情况按需服药，也就是说，如果你的医生建议你只在感觉不适或焦虑发作的时候服用某些药物，那么你在练习时最好不要服药。如果我们立即服药来减轻那些实际上不会造成伤害的感觉，那我们故意引发这些感觉也没什么意义了。通常我们在这种情况下服用的药物属于抗焦虑药物（见第159～161页）。这种药唯一的作用是减轻焦虑的症状，没有实际的治疗效果。一方面，这种药物的缓解作用再次证明了你的这些生理感受是由焦虑引发的，因此不会造成实际伤害。如果经过考量你还是觉得自己不服药就没办法进行这些练习，那就算需要服药，练习也比不练要好。之后，在焦虑的时候你可以逐渐减少服用额外的药物。

另一方面，既然刚好谈到了服药的问题，我们想借此表示对这些帮助减轻焦虑的药物的认可和支持。我们相信这些药物在某些情况下能够提供必要的帮助，尤其是当患者缺乏或无法获得专门应对焦虑的心理治疗的时候。在任何情况下，作为本书的作者，我们都不同意患者未向医生咨询就自行服药或改变服用剂量（关于更多焦虑症药物的内容请参阅第七章）。

我们对于抗焦虑药物的见解适用于任何一种能够缓解焦虑症状的物质。常见的例子是酒精和大麻。焦虑的人对这些物质产生依赖的风险更高，因为这些物质对焦虑有一定的缓解作用，而人们也很看重这一作用。然而，长此以往的后果永远不可能和这些物质最初产生的缓解作用对等。另外，摄入酒精、大麻和其他成瘾性物质会引发比焦虑本身更严重的心理症状。

只要在没有干扰的情况下频繁暴露在令我们害怕的生理感受中，这些感觉就会慢慢消退，只要我们清楚这一点，接下来的问题就只在于开始反复引发这些感觉直到恐惧逐渐消退了。

为了降低这项任务的难度，我们可以对这些暴露练习做一个评估，先尝试那些引发恐惧程度较低的练习。我们可以通过这样的方式逐渐在练习中获得安全感，从而更好地面对接下来的任务。

你需要回顾你所做的练习，根据每项练习中"恐惧程度"这一栏打出的最高分，将这些练习按照引发恐惧的程度从低到高排序。先尝试那些分数低于2的练习方法。重复以上练习直到恐惧程度的分数降到1。当你成功将恐惧程度的分数降到1时，你就可以进行下一级别（3分）的练习了。当以上练习引发的恐惧程度降到1时，再继续下一级别的练习，直到你开始进行恐惧程度为5的练习。

要记住，这些做法是尝试通过引发令你害怕的感觉让你的恐惧消退，以达到克服恐惧的目的。因此，你需要试着让自己处于暴露状态的时间持续至少30秒或40秒，或者坚持比要求更长的时间，而不是避免使这些感觉更强烈。如果你没有引发强烈的感觉，那么很有可能这些练习一点治疗效果都没有。这种做法的目的是引发最严重的焦虑感以认识到"最终"并不会有严重后果或悲剧发生。

一旦你完成了这些练习，并注意到了每项练习所引发的感觉，那么此时可能就是将你之前了解的克服焦虑的方法应用起来的好时机，比如：放松练习、思维管理等。如果进行某项练习时，你尝试了很多次（5次或6次）之后发现还是很难将恐惧程度降低到1，最好还是先放弃，第二天再接着练习。

循序渐进的实例

索尼娅经常感到焦虑。在进行本章提到的暴露练习之前，她已经尝试了之前章节里提到的克服焦虑的相关练习（重新学习呼吸方法、放松、控制灾难性思维等）。下面让我们看看她将自己暴露于那些生理感受的完整过程是怎样的，从而了解其中每一环节是如何联系起来的。

她首先按指导完成了上述的9种练习，发现了令自己害怕的感觉并能够对这些感觉进行量化（下面将列出她完成每项练习后填写的表格）。请注意每种情况下她给感觉的打分以及她如何衡量每种感觉的强度、恐惧程度和与现实中焦虑的相似度。要记住她使用了一个1到5分的量表（见第108页的小标题"有规划地暴露于生理感受"）。完成每项练习后，她将每一列（强度－恐惧程度－相似度）的最高分填到了"最高分"对应的方格中。

例 7. 摇头

说明：左右摇晃脑袋，不要太用力，持续 30 秒。

引发感觉	感觉强度	恐惧程度	现实相似度
头晕	4	4	3
丧失方向感	3	4	4
其他			
最高分	4	4	4

例 8. 抬头

说明：将头夹在双腿间 30 秒然后迅速抬头。

引发感觉	感觉强度	恐惧程度	现实相似度
晕眩			
低血压	4	2	2
其他			
最高分	4	2	2

例 9. 屏住呼吸

说明：尽可能屏住呼吸、坚持至少 30 秒或 40 秒来触发胸闷或窒息的感觉。

引发感觉	感觉强度	恐惧程度	现实相似度
胸闷			
窒息感	5	3	4

续表

引发感觉	感觉强度	恐惧程度	现实相似度
其他			
最高分	5	3	4

例 10. 绷紧身体

说明：在不让自己产生疼痛的前提下绷紧身体（包括面部、下颌、颈部、双肩、双臂、背部、腹部和腿部的所有肌肉）1 分钟。你可能会感受到肌肉紧张、无力和身体某些部位的颤抖。

引发感觉	感觉强度	恐惧程度	现实相似度
肌肉紧张、无力	2	2	3
虚弱感			
颤抖	3	1	3
其他			
最高分	3	2	3

例 11. 陀螺运动

说明：找一把办公室转椅坐上去，让别人帮你转椅子 1 分钟。这项练习会让你感到头晕目眩。如果你在旅行时很容易晕车晕船甚至因为头晕而呕吐，就慢点来，或者直接跳到下一项练习。如果你没有转椅，另一种练习的方式就是站起来自己转圈。不过头晕的时候能有个舒服的大椅子休息还是比较方便的，以防我们因为头晕而摔倒。最好把周围的家具都移开。

引发感觉	感觉强度	恐惧程度	现实相似度
头晕	5	4	5

续表

引发感觉	感觉强度	恐惧程度	现实相似度
恶心	2	2	4
其他			
最高分	5	4	5

例12. 用力过度呼吸

说明：站着或坐着都可以，尝试尽可能快速用力地深呼吸1分钟。就想象你为了庆祝节日，需要在1分钟内吹起50个气球。这项练习会引发换气过度的症状——不真实感、头晕目眩、呼吸困难、发热或发冷、头疼等。

引发感觉	感觉强度	恐惧程度	现实相似度
不真实感	4	5	4
晕眩			
头晕	4	4	4
呼吸困难	2	1	4
发冷			
发热	3	1	4
头疼			
其他			
最高分	4	5	4

例13. 用吸管呼吸

说明：用嘴含着饮料吸管慢慢呼吸1分钟，不要通过鼻子呼吸，这会引发窒息感。

引发感觉	感觉强度	恐惧程度	现实相似度
窒息感	5	2	4
其他			
最高分	5	2	4

例14. 慢速呼吸

说明：尽量慢慢呼吸1分钟。这和上一个练习一样会引发类似的窒息感。

引发感觉	感觉强度	恐惧程度	现实相似度
窒息感	5	1	4
其他			
最高分	5	1	4

例15. 凝视

说明：睁大眼睛，死盯着墙上某一点或者镜子里你的影像，持续两分钟。这项练习通常会让人产生不真实感。

引发感觉	感觉强度	恐惧程度	现实相似度
不真实感	4	5	4
其他			
最高分	4	5	4

完成了这些练习之后,索尼娅将与引发恐惧的练习相关的信息都整理在笔记本上。根据练习引发的恐惧强度从低到高排序。下表展示了索尼娅从练习中感受到的恐惧程度:

每项练习引发的恐惧程度

练习	引发的恐惧程度
慢速呼吸	1
抬头	2
绷紧身体	2
用吸管呼吸	2
屏住呼吸	3
摇头	4
陀螺运动	4
用力过度呼吸	5
凝视	5

为了将自己练习的过程做一个完整的记录(下表),索尼娅每次重复练习时都会在表格上记录下自己感到的恐惧。她的暴露练习规划中没有包含慢速呼吸,因为这种练习只引发了程度为1的恐惧感。

练习将自己暴露于害怕的生理感受中

练习	重复次数	引发的恐惧程度
抬头	1	2

续表

练习	重复次数	引发的恐惧程度
	2	2
	3	1
绷紧身体	1	2
	2	2
	3	2
	4	1
用吸管呼吸	1	2
	2	2
	3	1
屏住呼吸	1	3
	2	3
	3	2
	4	1
摇头	1	4
	2	3
	3	3
	4	2
	5	1
陀螺运动	1	4
	2	3
	3	3
	4	2
	5	2
	6	1
用力过度呼吸	1	5

续表

练习	重复次数	引发的恐惧程度
	2	4
	3	4
	4	3
	5	3
	6	2
	7	1
凝视	1	5
	2	4
	3	3
	4	2
	5	2
	6	1

每次反复练习结束后，索尼娅都会给自己留出几分钟时间来平息一下练习给自己带来的恐惧。控制灾难性思维以及慢速呼吸的练习对克服恐惧非常有用。有时候明显感觉肌肉紧张时，她也会使用放松肌肉的方法。

正如你所见，反复练习是使每种症状引发的焦虑逐渐消退的关键，从而使人能够克服对那些生理感受产生的恐惧。

在下一章节，你或许可以找到一些在日常生活中暴露于生理感受的办法（比如，见第129—130）。

DOMINAR LAS
CRISIS DE ANSIEDAD

第六章
克服广场恐惧症

开始暴露于广场恐惧症的情境之前，我们先要通过一系列活动强化一些生理感受。首要目的是逐渐减少在其他情境中对生理感受的恐惧。

由于焦虑或遵循某些善意的建议，你可能已经不再做某些事情。比如，可能之前你在早餐或饭后会喝杯咖啡，但是由于焦虑，你已经不再有这个习惯。你可能因为无法承受心动过速或窒息感，不再踢足球或进行其他运动。工作时你也可能会比之前更小心翼翼或不再逼自己，一旦注意到有任何生理感受，你就会停止或做出改变。还有一种可能是你现在可以谨慎地完成一些事情，也算得上是做出努力，比如提着购物袋乘坐电梯、搬运重物等。要注意，我们这里说的是事件和感受，而不是情境。

稍后我们再处理由于难以逃离或难以获取帮助而对某些具体的情境产生恐惧的问题。这里，我们将把注意力放到那些可以引发人们感受的事情上来。比如，观看一部精彩的恐怖片会引发恐惧以及任何和这种情绪相关的生理感受（心动过速、出汗、肌肉紧张、打寒战、胃部绞痛等）。以上感受都是因为看电影而产生的，和我们在家或在电影院都没关系。广场恐惧症患者会因为处于电影院（充满人的封闭空间，中途离场会很困难或尴尬）而感到难受。我们之后会谈到广场恐惧症以及暴露在此类型情境中的问题。

如果你很清楚二者的不同,就可以尝试完成如下练习。区分以下列出的情境和事件,辨别它们是广场恐惧症的例子(A)还是引发生理感受的事件(S)。

区分情境和事件的分类

序号	情境和事件	类型
1	快速爬上一段楼梯	
2	乘坐电梯	
3	看一部惊悚片	
4	看一部话剧	
5	走进拥挤的咖啡馆	
6	喝一杯功能饮料	
7	坐进一辆在太阳下暴晒的车	
8	坐在车后座	
9	乘坐公交车	
10	跑起来赶公交车	
11	在极冷或极热的天气中散步	
12	离家出走	
13	走进大型商场	
14	和店员大吵一架	
15	跳舞	
16	进入舞厅	

如果你明白这个练习的目的，你就会按顺序在 1、3、6、7、10、11、14 和 15 行中填入 A，在 2、4、5、8、9、12、13 和 16 行中填入 S。如果你回顾一下前一组的事件，就会发现它们会引发任何人的生理感受。也就是说，如果有人跑着去赶公交车，他上车后肯定会注意到自己出现心跳加快、出汗等变化。

如果你再仔细看看第二组，就会发现这些情境一般不会引起焦虑，它们是广场恐惧症的典型例子。乘坐公交车对成千上万的人来说是日常生活中很平常的一件事，本身不会引起任何特殊的反应。而对广场恐惧症患者来说，这或许就是最糟糕的事情。

在第一阶段，你只需选出能引发生理感受的事件。正如我们之前所说的，我们的目的在于让你对这些感受的恐惧逐渐消退。

劳拉正在看一部感人的电影，她完全把自己代入了女主角，感动得涕泗横流，满脸通红，紧握双手。她奶奶经过时看到她这样很吃惊，对她说："劳拉，这不过是部电影罢了。"

奶奶实际想告诉劳拉什么呢？她是想让劳拉站在观众的角度看问题。当我们看电影或观看有我们支持的队伍参与的比赛时，会过于沉浸其中，就像我们自己正在经历发生在主角身上的事一样，会觉得似乎后面有人追我们或者被罚球的是我们自己。我们能意识到自己是观众可以使这种参与感降低。

站在观众的角度意味着完成一件事并观察那些感受和想法如何消退。如果你在那时自言自语，说一些类似的话，如"看看这心跳多快啊，呼吸为何变得如此急促，我的脸怎么开始发烫了，我肯定像个红灯一样了……我的思绪活跃起来了，真美啊，要是我继续这样下去，就要心梗发作了……好的，现在我的心跳变慢了，肌肉也放松下来……或许派对已经结束了，我感觉我的心跳已经平稳，我的脸颊也不再发烫，就像窗户的玻璃一样……"如果你什么都不做，这些感受和危险的画面就会消失不见。很多时候，当我们紧张时，我们就会来回踱步、在床上翻来覆去、紧握双手、绞紧手指、向周围人大声吼叫、加快步伐、跑起来……我们也会十分担忧，想象可能会出现的糟糕情况和最坏的结果……也就是说，在我们自己没有意识到的情况下，我们正停留在焦虑中或加剧这种焦虑感。观众角度也包括"冻结"这些行为并让这些事情过去，就像看着遮蔽太阳的云朵。我们清楚无论如何鼓励那些云朵，它们也不会散开得更快。如果像云朵凝结在一起一样，我们将这些行为和感受"冻结"起来，一切就会过去。虽然是按照它自己的节奏，但是最终都会过去。现在我们知道了这些感受和云朵一样，都没什么危险。

在以下方框中，你会看到一系列引发生理感受的事件。选出那些你不再做的事或本着预防的态度小心翼翼做的事，以及在你能力范围之内且对你来说很容易做到的事。和前一章的目的一样，尽力完成这些任务，以便引发对应的生理感受。要记住，你选择的事件引发的感受应该类似于焦虑引发的感受。站在观众的角度后，不要试图缓解那些生理感受，就让它们自行消退。

引发生理感受的典型事件

日常活动

爬楼梯

坐着或躺着的时候突然起身

重口味丰盛的食物

天气很冷或很热的时候散步

待在很热或很冷的车上

提重物

在阳台或桥上向外探身或爬梯子

运动

跑步、跳跃、做俯卧撑、冲刺跑……

踢足球、打篮球等

洗桑拿

娱乐

看惊悚片或恐怖片

观看有你最喜欢的队伍参与的精彩比赛

乘坐游乐设施（过山车、旋转类设施……）

社会关系

激烈争吵

性关系

在陌生的正式会议上发言

生气

服用兴奋剂（无论是之前服用还是仅在练习时服用）

喝咖啡、茶、可可

冰可乐

在选择要进行哪种活动之前，你可以先问问自己这三个问题：
- 这件事会引发和焦虑类似的生理感受吗？
- 这些感受都具有一定的强度吗？
- 体验这些感受时会出现一定程度的恐惧吗？

如果这三个问题的答案是肯定的，那么恭喜你，你已经找到一个或多个对你来说有用的事件了。如果你还不知道答案，建议自己去证实一下。比如，如果你害怕的是心跳加快的感受，任何体育活动或需要出力的活动都对你有用；如果你害怕的是窒息或颤抖的感觉，就去很热或很冷的地方待着（桑拿房、极热或极冷的车里，或者天冷的时候去外面散步）；如果你害怕的感觉主要是胃部不适，或许大吃大喝、吃一些重口味的食物，或是乘坐一些游乐设施对你有用；如果你害怕不稳定的感觉，或许你可以爬梯子或者突然起身来引发类似的感觉。不要局限于以上我们建议的活动，你可以发挥自己的创造力。

就像前一章一样，你可以把这些感受都记录下来，在表格上写下你做的事情并根据之前的三个判定标准（感觉强度、恐惧程度、现实相似度）给出现的感觉打分。

暴露事件记录

事件：_____
说明：_____

引发感觉	感觉强度	恐惧程度	现实相似度
心动过速或心悸			
头晕			
呼吸困难			
寒战			
窒息感			
高度紧张或颤抖			
其他			
其他			
最高分			

下表是罗莎进行一项活动（爬楼梯）后的感受。

暴露事件记录（爬楼梯）

事件：爬楼梯
说明：提着购物袋快速爬四段楼梯到我住的楼层（2楼）。

引发感觉	感觉强度	恐惧程度	现实相似度
心动过速或心悸	5	4	4
头晕	2	0	3
呼吸困难	4	3	3

续表

引发感觉	感觉强度	恐惧程度	现实相似度
寒战	0	0	0
窒息感	4	0	3
高度紧张或颤抖	3	2	2
其他	3	0	2
其他			
最高分	5	4	4

一个星期内重复做这件事持续5天之后,这些生理感受还是会出现,但是恐惧程度已经降到了0。

实景暴露

你准备好将自己暴露在恐惧的情境中了吗?如果你已经看到了这里,肯定已经掌握了放松和呼吸的方法,并学会了在可控的情况下调整自己的想法,正如之前章节中介绍的那样。你肯定也了解了第三章有关焦虑危机的知识,因此你对可能发生的事情产生的恐惧应该减轻了。

然而,如果你的广场恐惧症还没有完全消退或者病情长期发展下去,当你去超市、排队、离开家、乘坐公交车的时候,可能会突然焦虑"爆棚",就好像你一点进步都没有。这种错误印象很多时候会让刚刚开始暴露治疗的人丧失信心。

暴露的条件是一种过程,某种情景的某些方面通过这个过程和焦虑的感受相关联,而整个过程可能独立于焦虑危机存在。换句话说,在公交车上的一系列焦虑反应(压抑、呼吸困难)会使公交车和焦虑相关联。基于这种联系,我们的身体只要感受到某种细节,比如紧闭的窗户,就会有焦虑的预感,焦虑的反应会越来越强烈(出汗、轻微紧张、心动过速、呼吸或吞咽困难等),我们起身准备下车的时候这些反应会减轻,到了车外这些反应就完全消失了。因此,下车(逃避)这种行为带来的缓解作用加上回避行为(避免乘坐公交车)会逐渐加剧恐惧,这种恐惧会如油渍般蔓延开来,形成恐惧症。起初只是逃离或回避公交车,接下来就会逃离或回避其他封闭的空间,比如试衣间、电梯间、洗手间、汽车(尤其是后座)、电影院、剧院……任何难以逃离的地方,比如体育场、音乐厅、人潮涌动的大型商场……都会开始让人感到不适。最后,人们在出门、离家、排队的时候都会开始感到焦虑,哪怕是在街角熟悉的超市或在理发店里(洗头或理发进行到一半时突然离开),甚至在家独自待着的时候也会出现这种不适感。总之,一些广场焦虑症患者从未经历过很严重的焦虑危机,然而,回避行为也会达到极端的程度。

有时候,仅仅是一次不幸的(创伤性的)经历就可以构成焦虑的条件。拉蒙对他第一次焦虑发作的地方采取完全回避的态度。只要朝那个地方走或者想到必须从附近经过(一条中央街道),他就会开始大量出汗并心跳加快。之前的回忆总是令他恐惧(只要一想到相关的画面他就会感到焦虑),而这种回避行为很快就扩展到许多地点和情况中。生活中他总想着自己可能要心梗发作了,在任何地方，哪怕在自己家里也没有安全感。他无法独处。

我想告诉你的是，广场恐惧症可以由不同的方式表现出来。用最简单的话来说，一共有两种方式，第一种是漫长的道路，第二种是捷径。但是这两种方式都通往同样的终点：回避许多地方且独处时感到不安。

暴露疗法同样也可以通过两种方式实现，一种用时长，一种用时短。前者意味着将焦虑的情境放在一级级台阶上，人们得一步一步往上爬。我称这种方式为"螺旋楼梯"。第二种用时短的方式意味着引发强烈的焦虑并让自己长时间停留在当下的情境中，直到焦虑减轻或消失。我把这种方式称为"跳入泳池"。

第一种情况中，人们一步步登上台阶，最终会到达难度最大的地方，就像螺旋楼梯的最高处一样：每级台阶都和下面的一级台阶相连，但是每级台阶的高度在增加。焦虑会根据广场恐惧症的严重程度而有所不同，但是坚持不懈和灵活变通策略要比追求短期的效果更重要。患者可以独自完成整个过程，也可以在信任之人的帮助下度过这个阶段。

"跳入泳池"就像当我们突然跳入冷水时，起初我们会很难受，但是随着时间流逝，我们就会习惯水温。或许在有临床经验的人的陪伴下采用这种方法更好，尤其是在刚开始的时候。

> **注意**：暴露疗法的目的是引发某种程度的焦虑并保持这种状态，直到焦虑减轻。只在感觉舒适的状态下进行暴露疗法是没用的。没有引发焦虑的暴露也是没用的。

在开始尝试这两种方法的任何一种之前，你最好先坐下来列出所有你回避或忍受（别无选择时）的会引发焦虑的情境。本着积极的态度列出所有情境，也就是说，假装你乐意做这些事情，保持心平气和，至少也要本着平常心。现在你已经坐下且手里拿好纸和笔了吗？把那些你从未做过但是在没有广场恐惧症或焦虑危机的情况下想做的事情也写下来，比如坐飞机旅游。最后，你可以在以下方框中看到这张纸上可能出现的内容。

改善广场恐惧症的目标

乘坐公交车

去学校接孩子

购物

安静地排队

在理发店剪头发或做头发

在高速路上开车

独自一人在街上散步并享受其中

乘坐地铁

坐火车旅行

每周去大型超市购物

去郊外

把商场从上到下都逛一遍

参加学校会议

> 看电影、去剧院、听音乐会……
> 乘坐飞机
> 去体育场观看比赛或斗牛表演
> 去教堂，参加弥撒、婚礼、洗礼……
> 乘船
> 吊唁

螺旋楼梯：阶梯式暴露

要实现阶梯式暴露，首先需要建造一个楼梯。每爬上一级台阶都应该引发比上一级更严重的焦虑，至少得和你写在纸上的那些情境类似。如果想建造一个有20级台阶的楼梯，就得想象20种引发焦虑的情境，而且焦虑的严重程度应该是递增的。

最简单的方法是从极端的情况开始。你写下的所有情境中，哪一种会让你最焦虑，只是想想就让你毛骨悚然，那它就是最高级（20级）台阶。在什么地方或情境中，你感到的焦虑程度最轻微，几乎对你没有影响，那它就是第1级台阶。

路易莎的例子中，她选出的最让自己焦虑的情境是"乘坐拥挤的公交车"：即第20级台阶。

第1级台阶是"去街角的面包店买面包"。当你已经确定第1级和第20级台阶时，很容易就能选出大概在中间的数值，也就是第10级台阶。现在请你想想什么情境会引发中等程度的焦虑。路易莎的答案是："在朋友的陪伴下去商场购物。"

拿一张白纸或者在笔记本最上方写下 20，最下方写 1，中间标上 10。参考下页表来完成第 139 页的练习。

螺旋楼梯：阶梯式暴露

台阶序号	情境
20	乘坐从城市开往海滩的拥挤巴士（全程用时 60 分钟）。
19	
18	
17	
16	
15	
14	
13	
12	
11	
10	在朋友的陪伴下去商场购物。
9	
8	
7	
6	
5	
4	
3	

续表

台阶序号	情境
2	
1	去街角的面包店买面包。

螺旋楼梯（练习）

台阶序号	情境	焦虑（%）
20		100
19		95
18		90
17		85
16		80
15		75
14		70
13		65
12		60
11		55
10		50
9		45
8		40
7		35
6		30
5		25

续表

台阶序号	情境	焦虑（%）
4		20
3		15
2		10
1		5

如果你的恐惧只能分为三四类，写出20种情境可能有些困难。这里有一些要素可以帮助你建造新的台阶：

- 同伴。
- 距离和（或）时间。
- 逃离的难度。
- 安全机制。

比如，如果你的恐惧只与封闭场所、交通工具和离开家有关，给它们打分的一种方式就是看看这些因素对恐惧产生了怎样的影响。这样你就可以再建造出几级台阶了。

由：

- 早上11点（时间）在哥哥的陪伴下（同伴）乘坐公交车坐一站路程（距离），站在车门边（逃离难度），包里带着药（安全机制）。

到：

- 在高峰时段独自一人乘坐公交车从起点坐到终点，坐在拥挤的窗边，包里没有带药。

这需要你自己来设定恐惧的倾向是什么：相较于和他人约定同去或有人陪伴（同伴）的情况，你更害怕独自一人出门吗？

焦虑是随着距离还是时间增加的？离开家 100 米要比离开家 500 米更容易接受。坐车去 X 街还算简单，但是到 Y 区（较远的地方）就比较难了，而去 Z 区（更远）是不可能的事情。时间有影响吗？或许持续 5 分钟（记一些笔记）而不是半小时（向家长解释嘉年华的准备工作）甚至两小时（把所有美国心理学会的会员都召集起来以做出重大决定）的学校会议更容易让人接受。

恐惧是否会随着逃离（逃避）的难度增加而增加？比如，在电影院里坐在靠近门口的过道位置要比坐在远离门口且拥挤的中间位置轻松得多吗？比如情境一：教堂里靠近门口的最后一排人很少；情境二：教堂里正举行一场热闹的婚礼，而你作为教母站在圣坛上。这两种情况中，是否前者使你产生的恐惧更少？因为正如你所见，"逃离"第二种情境的难度更大。

你的安全机制是什么？是那些给你（错误的）安全感的事物。如果你没有将它们带在身上或放在手边，恐惧就会增加。举例来说，安全机制可以是某些药品（一般是抗焦虑药物）、一瓶水、一包湿纸巾、一把扇子、一份说明书、一本书、一副墨镜、在熟人附近、一个护身符、在健康中心或医院附近……安全机制可以是任何你认为在危机中对你有用的东西,它们可以具备各种各样的功能(缓解生理感受、转移你的注意力、为你提供帮助、使你能够吞咽或呼吸、遮蔽阳光或让你摆脱窒息感……)。

你要明白的是同一件事情可能会对两个人产生相反的影响。比如,小孩的陪伴可能是一种安全机制(任何形式的陪伴,甚至抱着一个婴儿也能减轻焦虑),也可能会使人认为难以逃脱当前的处境("要是危机来袭,我要怎么拖着这个小东西逃跑啊?")。所以,并没有什么标准来衡量这些因素。每个人都应该考虑对他/她自己来说,安全机制或逃离当下处境的阻碍是什么。

给焦虑标上一个大概的数字是个好办法,这样一来每上一级台阶就代表我们在当下的情境中经历的焦虑是递增的。比如我们有 20 级台阶,就可以从 5 到 100 以 5 为间隔递增来标上代表百分比的数字。我们就称下表为焦虑百分比。我们可以来看看路易莎是怎样完成她的螺旋楼梯的。

路易莎的螺旋楼梯

序号	情境	焦虑(%)
20	乘坐从城市开往海滩的拥挤巴士(全程用时 60 分钟)	100
19	不带药品独自乘坐公交车经过几站路程	95
18	独自去电影院并选择中间的座位	90
17	坚持参加美国心理学会的会议(1 小时)	85
16	乘坐除我丈夫之外的人的车(坐在后座)	80

续表

序号	情境	焦虑（%）
15	周六去大型超市购物	75
14	独自走到市中心（大约2公里距离）	70
13	和皮利乘坐公交车走两三站的距离	65
12	参加5分钟的学校会议	60
11	独自接送孩子们	55
10	在朋友的陪伴下去商场购物	50
9	独自出门去X街（大约500米远）	45
8	在别人的陪伴下去电影院并选择靠出口的座位	40
7	独自在街区走一圈	35
6	在皮利的陪伴下送孩子们去学校	30
5	和胡安妮一起去商场，只看摆在前几排的东西	25
4	和皮利留在学校	20
3	在别人的陪伴下在街区转一圈	15
2	独自过马路去药房	10
1	去街角的面包店买面包	5

注意：楼梯中包含的总是日常生活中你能遇到（或可能遇到）的地方或情境，比如买面包、去上班、乘车等。像去电影院、去剧院、去运动场、去教堂……这些偶尔做的事情应该作为前一种情况的补充。

到了这一步，你应该已经根据所引发的恐惧和焦虑按顺序列好了相关的情境。现在最好是从百分比在 30% 左右的情境开始，也就是说，从第 5 或第 7 级台阶开始。为什么不从第一级开始呢？因为第一级引发的焦虑太轻微了，没什么作用。如果你对情境的评估有误，你随时可以再从更低的等级开始。从三个可能的选项中（第 5、第 6 或第 7 级）选择一件你每天可以完成的事情。

当我们完成暴露练习之后，最好把结果记在笔记本上。为什么要这样做呢？

首先，这样可以让你观察这些事情发生的过程。观众角度有利于让危机自行消退。你不用做什么，只需要观察自己的内心（思想、画面、冲动……）和身体（生理感受、感觉……）都发生了怎样的变化。

其次，这样做也是为了核实进度。在你情绪状态出现波动（肯定会出现）的时候，这一点尤其重要。当你度过了几天糟糕的时光后（无论是因为焦虑增加还是因为抑郁），你的想法可能会变得极端，你会觉得自己一点进步都没有，认为自己只会一直这么糟糕且没有解决的办法。在这时候拿出你的笔记本可以让你更客观地评价自己的进步。

> **注意**：为什么要用笔记本记录？
> - 我可以通过这种方式进行观察。
> - 为了核实进度。
> - 这样可以给予我动力。
> - 当事情变得糟糕时，它可以让我更客观地看待当下的情况。

在路易莎的例子中,我们就从"在皮利的陪伴下送孩子们去学校"开始(焦虑百分比为30%)。

正如我们之前所说的,选择一件每天或几乎每天都能完成的事情。如果我们想打破某种情境和焦虑之间的关联,就必须多次重复此情景和不同的焦虑反应之间的关联。在第一阶段,当下的情境会使人感到焦虑,而我们要打破的是这种情境和逃避或回避之间的关联。在第二阶段,最好是将这种情境和除焦虑之外的不同情绪关联起来,比如快乐、平静或冷漠。例如,路易莎选择了第6级"在皮利的陪伴下送孩子们去学校",因为前一级"和胡安妮一起去商场,只看摆在前几排的东西"这件事她每周只能完成一次(在购物日那一天)。另外,她考虑到可以在皮利的陪伴下送孩子们去学校,因为皮利是她的邻居兼好友,了解她的苦衷并乐于助人。她认为这件事会引发自己某种程度的焦虑,但是她觉得自己有能力面对。

你可以这样在笔记本上记录(下表):你和谁(独自一人、有人陪伴或和别人约好)去了哪里?你感受到的最大焦虑程度有几分(从0到100%打分)?你脑海中闪过了怎样的想法?结果如何?

广场恐惧症表格

日期/地点	同伴	焦虑%	想法	结果

同伴:S=独自一人;A=有人陪伴;Q=和别人约好在某地见面,但是会独自前往约定地点。

日期、地点：日期（比如 2003 年 5 月 7 日）和地点可以用楼梯上的情境序号代替（以路易莎的情况为例，可以写第 6 级）。但是如果你要去的地方还不确定，我们就先留出空白以便之后记录。（路易莎的广场恐惧症表格第 P148 页。）

同伴：谁陪伴你？ S= 独自一人；A= 有人陪伴；Q= 和别人约好在某地见面，但是你会独自前往约定地点。

焦虑：从 0 到 100% 对你感受到的最大焦虑程度打分。0 代表没有焦虑，100% 代表极度焦虑。

想法：描述你那一刻脑海中出现的想法以及你当时给出的回应。把想法和回答分行写下来。如果你什么都没做，站在了观众的角度，没有干预自己的想法，就把它记在结果这一栏。

如果焦虑感不是很强烈，你可以分析一下自己当下的想法并记录下结果：焦虑减轻、保持不变或增加。如果焦虑减轻，就在接下来的暴露活动中好好把这种想法利用起来。如果焦虑感很强烈，那就深呼吸几次并尝试放松肌肉，或许会对你有帮助。之后最好在家里研究一下自己的想法。如果感到极度焦虑，你可以服用药物，尤其记得在第一次，要在去暴露地点的半小时前服药，以保证当你进入暴露情境时药效已经开始发挥作用。另一种可能的做法是完成近似的目标。比如，玛利亚之前在几家大型商场工作，但是她现在害怕进入她之前的工作场所。抛开广场恐惧症这个因素，她之前还和同事有些矛盾。尽管她已经不在商场工作了，但只要想到走进商场大门，她就会感到焦虑。第一种近似的目标就是在放松的状态下想象这个情境，直到这个情境不再让她产生焦虑。然后我们将这个任务分成几个步骤,她可以每天分别完成:① 从附近经过(看到商场入口处);② 来到商场门前但不用进去;③ 走进大门然后再出来;④ 从一楼的一扇门进入再从另一扇门出来;⑤ 乘坐自动扶梯到二楼然后下来继续上扶梯到四楼,在四楼购买一些物品。

我们决定这样做是因为她要独自暴露在这种情境中。不然我们其实更喜欢"跳入泳池"的方法(见下文)。

暴露期间的观众角度

有些比较活跃的人喜欢在暴露期间积极地采用呼吸和放松的方法来克服或对抗焦虑;有些人改变了自己的想法并且这种方法也起了作用;还有些人试图分散自己的注意力。这不是最好的选择,因为它意味着不理解焦虑如何以及为何会发作,为什么焦虑程度会发生变化。正如我们之前所说的,观众角度意味着被动地观察发生的事情,就像我们在旁观另一个人的行为并解读其想法一样。就像我们在看一部电影(焦虑),不知道接下来会发生什么,也不知道结局如何。而我们能确信的是自己不会受到任何伤害。这就是我们采取观众角度的原因。观众知道自己不会中弹。我们不采取任何行动,也不会干预焦虑的发展过程,我们只是让它自行消退。好像我们在说"好的,你现在要做的就是专注于这种真实的晕眩感。我要到卖床垫的区域找个软和的垫子以防晕倒"。

露易莎广场恐惧症表格

日期／地点	同伴	焦虑（%）	想法	结果
2002年2月7日 送孩子们去学校	A（皮利）	90	我会晕倒的，我没法到达目的地。 要是别人看到我晕倒在地该多丢人啊。 我再也没法出门了。	我紧张地将孩子们送到了学校然后立刻回家。 当我到家时，焦虑就减轻了。
2002年2月8日第6级	A（一位邻居）	95	我不是很信任这位邻居。 看看我是否会晕倒吧……	和昨天一样，我找了个借口回家了。 我的邻居和几个朋友在一起喝咖啡。 我真是没用。
2002年2月9日第6级	A（皮利）	65	我觉得自己似乎会晕倒，但是没昨天那么紧张。	我把孩子们送到学校并一路平静地回了家。 连我自己都无法相信自己能做到这件事。

同伴：S=独自一人；A=有人陪伴；Q=和别人约好在某地见面，但是会独自前往约定地点。

常见的问题

接下来我们将回顾患者们在练习时经常遇到的一些问题。

将想法和感受混淆

左页表格"想法"这一列第三个方框中的内容"我觉得自己似乎会晕倒，但是没昨天那么紧张"将晕倒的感受和想法混淆了。这里有一些可以帮助你区分二者的问题，以便对二者进行研究：如果事情发生了会怎样？最坏的情况是什么？如果这是一场电影，你能想到或者你能想象接下来会发生什么吗？比如，一个人在问了自己第三个问题后，似乎能想象到自己躺在地上，周围的人都在谈论他，然后救护车到了，把他送到了医院，但是人们没能挽救他的生命。然后他看到自己去世了，葬礼过后，他看到了离开的人们，听到他们在谈论……

有时候必须在情况发生后再讨论这些想法，因为在当时的情境中，人的思想可能会被焦虑支配。因此我们建议只暴露在会引起某种具体焦虑的情境中。这样一来，就可以在当下的情境中研究当时的想法。尤其是我们已经通过练习引发过不同的感受，并有了暴露于不同情境的经验。

在第五章中采取的所有办法都可以应用在这里。人们有可能会出现和生理感受相关的想法，也有可能出现一些夸张的戏剧化的想法，就像那个看见自己葬礼的患者一样。其他想法或许和害怕被人嘲笑有关："我倒在街上，围在周围的人说，'看看，他肯定是喝醉了或者嗑药了'，要是我再经过那个地方，我肯定会羞愧而死的。"

你知道如何反驳这些想法吗？

- 寻找证据：我之前晕倒过几次？
- 去戏剧化：如果你晕倒了会怎样？情况真的有那么糟糕吗？
- 读心术：你能知道别人的想法吗？你什么时候看到一个晕倒的人会首先想到他/她肯定是喝醉了或者嗑药了？你有没有问过别人，当看见一个像你一样看上去挺正常的人晕倒了他们会怎么想？
- 如果你不得不再经过那个地方，你真的会死吗？

在右表中你可以看到暴露期间一些典型的认知扭曲。你能根据第五章的暴露情况在右边辟出一栏分析一下这些认知扭曲吗？

暴露期间的认知扭曲分析

暴露期间典型的认知扭曲	分析
A. 要是我今天没能（出门、乘坐公交车……）我就永远都好不了。	
B. 电梯一关门我就会因极度焦虑窒息而死。	
C. 因为我有头晕的感觉，我肯定会在大街上或超市里晕倒。	

续表

暴露期间典型的认知扭曲	分析
D. 要是我摔倒在地,所有在场的人都会围过来,他们肯定觉得我喝醉了或者嗑药了。	
E. 如果我今天不能自己走出家门或者去电影院,我就是失败的。	
F. 我觉得我没办法克服自己的恐惧。	
G. 既然上周我做到了,那这一周我应该有更大的进步。	

首先选择一种能引发极度焦虑的情境,然后你需要建造新的楼梯台阶。比如,我们假设路易莎肯定无法独自离开家并过马路。这件看上去很简单的事情可以分为好几个步骤。你能想到是怎么分的吗?

想一想我们之前提到的四个要素:

- 同伴。
- 距离和(或)时间。
- 逃离的难度。
- 安全机制。

很久之前,我的一位患者有过这样的困扰。第一步,在他人的陪伴下过马路。第二步,在能看到我在对面的情况下过马路。第三步,在知道我在对面楼里等她的情况下独自过马路。第四步,和我一起乘电梯到三楼(咨询室在三楼)。第五步,在知道我在楼上等她的情况下独自坐电梯上来。第六步,独自乘坐电梯。第七步，独自穿过马路并乘坐电梯到咨询室。

这七步是结束数年广场恐惧症经历的开始。你可能也推断出来了，她当时就住在我办公地点的对面，中间隔了一条宽阔的街道。第二步和第四步费了她很大功夫。那是她第一次独自出门，而且她已经 4 年没坐过电梯了。剩下的步骤就简单多了。几年之后，她把这看上去显然很简单的两步视为改变了她生活的事情。

丧失信心：滑梯

有时候人们没费什么力气就爬上了好几级台阶，而突然他们好像又退步了。有人的情况比刚开始的时候更糟糕，几天前能做到的事现在却做不到了，于是他们就会感到气馁："我又和以前一样（或更糟）了，我永远没法克服这个问题……"这感觉就像是爬上滑梯又滑到底部一样。

很多时候我们认为焦虑是呈线性的：正如我们所想，如果焦虑增加，它就会一直呈增长的趋势，如果焦虑减轻，就应该一直呈下降趋势，就像一条呈下降趋势的直线。但焦虑其实是一条曲线，有高峰有低谷。我们应该习惯于顺应这种趋势并忽略每天的评估时间。可以通过更长时间（比如 1 个月）的观察来达到这个目的。这个月里有可能你连续 3 天都表现很好，但是第 4 天很糟糕。难道这就意味着"我又和以前一样（更糟）了"且"我永远也没办法克服这个问题……"吗？

如果一个店铺某一天销量不好，难道意味着这一年销量都很差吗？如果你观察的时间更长，你肯定会问生意的趋势怎么样。

如果这个月的销量相较于去年同月更高,生意会仅仅因为今天收入不高而变得更糟吗?焦虑就如同销量一样,有高有低。我们应该养成观察趋势的习惯,而不是每天都进行评估。换句话说,焦虑比起一条直线来说更像是一系列滑梯。有时候我们花很大力气爬上去又很快滑下来;有时候滑梯又是颠倒过来的,你很快就恢复了进展然后又继续慢慢前行,爬上高峰又滑落低谷。

停滞

当我们进行暴露练习时,还有一种常见的情况是我们一直在慢慢爬楼梯,直到在某一点停下了,就像我们过不去这一级台阶了。在这种情况下,就需要问问自己我们在好转的过程中得到了什么好处和坏处。

有时候好转意味着失去某人的关注。当我们患有广场恐惧症时,很多时候我们"需要"别人,但别人的陪伴和付出可能会随着我们的好转而消失。

有时候,好转可能意味着继续从事我们厌恶的工作,或者面对令我们不快的个人情况,比如决定和丈夫或妻子离婚。说实话,夫妻关系在广场恐惧症出现之前就已经不好了,这种疾病像是给了我们的婚姻一条出路。好转或许意味着做出我们之前一直在回避的决定。

有时候,好转还可能意味着让我们的父母或孩子有独处的空间(离开家或给予孩子自由),也有可能意味着需要面对我们一直在回避的某位家人。

以上所有情境都与依赖有关，可能会阻碍我们的进步。广场恐惧症就像是路上的一座山丘和一种恶性循环：因为感觉难受所以我们无法面对那些情况，但是与此同时，感觉难受又是一种保险措施：当我感觉难受时是没办法面对那些情况的。注意力已从外部问题（离异、工作、解脱）转移到内部问题（广场恐惧症）。

跳入泳池：延长暴露

实现暴露的另一种方式是直接跳入某种（或几种）情境中并长时间停留在其中。通过这种方式，人们希望在这种情况下产生的焦虑最终能逐渐消退。比如，如果超市的环境让我们感到恐惧，我们就花上几个小时去几个大型商场购物，逛逛不同的区域。就像我们跳入泳池一样，水很凉，刚跳下去的冲击感很强烈，但是我们会逐渐习惯水温，这种冲击感也会减轻。

对有些人来说，尤其在一开始的时候，在缺乏帮助和支持的情况下这种办法是行不通的。但是，当患者已经爬上了螺旋楼梯的几级台阶时，不应完全放弃这种暴露方式。

如果有人能给予我们安全感和支持，哪怕在刚开始的时候，焦虑也能得到控制。你也应该清楚到目前为止所做的所有工作（呼吸、放松、了解焦虑的相关知识、分析并讨论想法、切身体会生理感受并暴露在能引发这些生理感受的情境下……）都给予了我们充足的信心以延长我们暴露的时间。走路（或乘车）去电影院，排队取票，进入放映厅观看电影、散场，在咖啡厅、小餐馆或餐厅吃点东西然后回家，这一系列暴露活动下来，三四个小时很容易就过去了。这种方法和螺旋楼梯式暴露的不同之处在于，在螺旋楼梯式的暴露中，我们会逐步面对那些焦虑的情境，而这种方法则需要我们一次性长时间地面对这些情境。通过这种方法，我们发现了焦虑产生的原因，适应了之前一直回避的地点或情境。在长时间的暴露中，可能焦虑感会在此期间多次出现。处理这种情况的方式类似于逐步暴露中所描述的方法，我们尤其建议采取观众的角度。在焦虑中期不采取行动可以避免我们身体的警戒系统在当下情境（日常）中被触发。

如果我们想象过暴露的情境，可能会想到我们在那种情境中处于肌肉放松的状态。或许我们会一直重复加深这种关联的印象，直到我们的身体在面对那种情境时不再作出警戒反应。也就是说，我们能够让身体适应之前让我们害怕的情境。延长暴露的过程能够让人适应真正的情境（当下的真实情况）。

笔记本上用于记录的表格（下表）和在螺旋楼梯式的暴露中所使用的相同，不过描述事件的内容可能会多一些。重要的是记录情境中使焦虑增强的变化有哪些以及我们采取了哪些行动来缓解恐惧。

延长暴露

地点	同伴	焦虑（%）	焦虑状态的变化 （情境和想法）	结果
在几个大型商场度过整个下午（4小时）。	S	75 60 50	我进入了商场，情况比我预期的要好。我乘自动扶梯到了三楼。这让我有些紧张，但是我没太在意。甩卖区人满为患，进入这个区域后我的焦虑程度上升到了75。我觉得自己要晕倒了，感到头晕目眩。我去了咖啡厅，希望这种感觉能减轻一些。之后我又回到商场，焦虑到了60，但是这一次我没有再离开。我正挑选着商品，走到最里面时看到门口挤了很多人。焦虑仍然存在，但是要小于之前的数字（50）。我记得有关观众视角的知识并停留在原地没动。我开始尝试让自己的感受和想法自行消退。	最后我忍住没有离开，并且对此次的成功感到非常高兴。事实上我还买了一些需要的东西。当我离开的时候，焦虑程度已经是0了。

同伴：S= 独自一人；A= 有人陪伴；Q= 和别人约好在某地见面，但是会独自前往约定地点。

DOMINAR LAS
CRISIS DE ANSIEDAD

第七章
焦虑危机的治疗

一般而言，遭受焦虑危机的人最终会去某个健康中心的急诊室寻求帮助。这是肯定会发生的事情。当一个人觉得自己快要死了，感觉很难受却不知道原因，自然会寻求医生的帮助，想知道自己到底属于什么情况。第一次遭遇严重的焦虑危机时，患者通常还不知道自己到底怎么了，所以理应服用一些药物来减轻焦虑感。而这恰恰也是急诊室首选的处理方法：开一些抗焦虑的药物，这类药品的主要疗效就是减轻焦虑症状。

正如我们在之前的章节中所说的，遭受焦虑危机的人表现出的问题与其说是焦虑状态本身，不如说是在面对伴随焦虑的生理感受时产生的非理性的恐惧，这些生理感受包括：心动过速、心悸、窒息感、不真实感、突然眩晕的感觉等。抗焦虑药物可以在几分钟之内立刻缓解这些症状，因此在面对焦虑危机时，它们的药效价值就显现出来了。

一旦你度过了第一次危机，就要继续面对后面的问题，再也不可能回到从前了。我并不是说惊恐的症状不可治愈或你将永远与焦虑为伴。请不要认为我说这些话是想让你感到沮丧或让你认为现实永远无法改变了。说实话，我相信人们可以在没有药物帮助的情况下克服焦虑危机，尽管有时候最初的药物帮助是有必要的。我认为，只要你遵循正确的规则，便能够重新掌控自己的生活。但是，在第一次焦虑发作后，你必须向专攻焦虑症治疗的心理专家寻求帮助。你越早了解引发自己对生理感觉恐惧情绪的心理机制，你就越不容易对自己身上发生的事情和自己的未来产生奇怪的想法。正是没有效果的治疗才使得这个问题一直存在或变成长期的隐患。

而在此时，最重要的是记住由焦虑和压力状态引发的生理感受与对这些感受的非理性恐惧之间的区别，非理性的恐惧会让事情变得更复杂，因为它引发的感觉比可怕的感受更多。药物在减轻生理感受这个层面发挥了作用，但是不能根治对这些生理感受的恐惧感（非理性的恐惧）。抗焦虑药物消除了和压力及焦虑状态相关的生理感受。这种消除作用使得人们不再对类似的感受表现出恐惧，从而缓解了焦虑危机，而有时人们会表现得过于镇静。在经过了一段足以使患者平静下来的治疗期后，如果准备停药时减量过快，症状就会复发。然而，如果以合理的方式逐渐减少药量，患者可能就不会出现焦虑的症状，但是患者的状态会很不稳定，因为除了服用更多药物之外，患者并没有掌握任何方法来控制焦虑。如果有新的压力情况出现，焦虑危机很可能会复发。

用于治疗焦虑症的药物还有抗抑郁药。这些药物与焦虑症治疗效果之间的关系尚不完全清楚，但是治愈率和本书中介绍的心理疗法的治愈率差不多，不过药物治疗结束之后复发率更高[1]。

---

[1] 戴维·H.巴洛，杰克·戈尔曼，凯瑟琳·希尔，斯科特·伍兹（2000年），惊恐障碍的认知行为疗法、丙咪嗪或二者相结合：一组随机对照试验。美国医学会杂志，283，2529-2536。

伴随心理疗法的药物治疗有利于克服焦虑危机。而以药物治疗为唯一手段则是非常糟糕的做法，除了使焦虑危机成为长期的隐患，很难有其他作用。另外，药物还会使我们遭受一系列副作用的影响和日常生活的限制，这些情况都很容易出现。

药物治疗可用于控制焦虑，但是只适用于严重的情况。克服焦虑危机的首要行动方针就是一定得掌握与焦虑出现的方式和原因相关的信息，寻求心理医生的帮助进行治疗，治疗手段就类似本书所介绍的内容（严谨来说，这种疗法称为控制恐慌症的认知行为疗法）。

我们之所以建议只在严重的情况下服药是因为焦虑是一种正常的情绪，不可以也不应该被完全消除。在某些情况下，一定程度的焦虑对身体的正常运转和躲避危险至关重要（比如开车、考试、过马路等）。因此，利用心理疗法中所教授的方法，以自然而然的方式尽可能学会控制焦虑是最合适的办法。

不过，在非常严重的情况下，有必要暂时借助药物来渡过难关。因此心理治疗和药物治疗也可以同时进行。随着情况逐渐好转，患者就可以慢慢停药，继续进行心理治疗，直到可以在不服药和没有心理医生帮助的情况下，按照自己的方式完全克服焦虑危机。

接下来我们来看一些重要的建议。

喝药不开车

"喝酒不开车"这句耳熟能详的口号在这里完全适用。那些药物或多或少会让人处于镇静状态，反应变慢。如果我们处于镇静状态或没有及时反应，哪怕有一点疏忽或困意，都很容易造成事故。

如果服药后性生活出现了一些问题，请不要担心。许多治疗焦虑症的药物都对性生活有影响。男性可能会出现勃起困难、早泄或射精延迟，女性通常会丧失性欲，难以达到性高潮。一般而言，结束药物治疗后，一切都会回归正常。

在没有向医生咨询的情况下，千万不要自行停药。如果患者长期服用大量药物，突然停药是很危险的，千万不能未经专家许可就擅自停药。因此，你要经常和医生沟通，了解减少某种药物剂量或停药的规范过程。

绝对不要自行服药

"是药三分毒"，这句老话医生们都知道。它的意思是，真正有疗效的药物一般都是需要谨慎服用的化学物质，只有在真正需要的情况下才能服用。仅凭"感觉"自己得了和邻居一样的疾病来判定自己是否需要服用某种药物是远远不够的。对邻居有用的药物可能对你来说是致命的。另外，表面上看不同的药物对应不同的症状，其实不然，看上去非常相似的症状可能需要不同的治疗方法。因为失去所爱之人而感到悲伤（哀痛）和无缘无故的悲伤加上一系列附加症状而产生的抑郁表现是不一样的。这两种悲伤的不同之处在于对焦虑危机的恐惧已经给我们的生活造成了诸多阻碍，不仅仅是造成了一次焦虑危机而已。每一种情况都需要经过专家的合理评估并就如何改变这种情况提出后续的建议。有时候心理专家会建议你咨询医生，让医生来评估药物治疗的作用，但是有时候可能只需要心理治疗就够了。

不要"按需"滥用药物

有时候医生会建议你只在紧张的时候服用某种药物，他们有时会说："如果你感到紧张，就吃一片药。"这种方法可能在某些情况下是有用的，但是不包括药物滥用的情况。这种方法的风险在于对焦虑症状的不耐性会越来越强烈，从而对抗焦虑药物产生高度依赖。如果你不能忍受中度焦虑且你控制焦虑的唯一办法就是服药，最终会出现的结果就是你总会提前吃药（以避免感到焦虑）。如果每次只要感受到一丁点超出常态的焦虑你就要服药，那么一面对焦虑症状就表现出怯懦就是你唯一学到的东西。如果你学习一些心理学的策略（比如进行呼吸方法的练习、使用一些技巧来调整因焦虑而产生的恐惧）来克服焦虑危机，面对焦虑时你就可能对自己更有信心，感觉自己充满力量，从而帮助你赢得最后一战。

DOMINAR LAS
CRISIS DE ANSIEDAD

第八章
充实平静的生活

我们已经在本书中展示了很多在治疗中给予患者的建议和信息，帮助患者克服焦虑危机，希望这些内容对你也有帮助。与其说你通过阅读这本书"痊愈"了（对我们来说将是个天大的好消息），不如说本书提供了克服焦虑危机的关键方法。在许多情况下，若熟知这种治疗方法的心理专家能够为患者提供专业帮助，患者或许能够学会克服这些焦虑危机并过上充实平静的生活，无须终生依赖药物。

接下来我们将回顾一些你应该熟记的关键点，来帮助你在现实生活中逐渐克服焦虑危机。

密切关注压力水平和紧张情绪

正如我们所见，一切都始于压力和因压力而产生的紧张情绪。一旦你已经有两次或多次焦虑发作的经历，在压力下你很容易就会再次焦虑发作，尤其是在你本身就害怕焦虑复发的情况下。这看上去似乎是你运气不好，但其实道理很简单：如果不想办法阻止焦虑，对焦虑的恐惧会随着每次焦虑发作而加剧。一旦你的身体将紧张情绪转化为焦虑危机，这种模式下新的压力事件就很可能会出现。一个因压力而感到背部或头部疼痛的人已经清楚这是自己的弱点，处于压力时期时，就很容易感到头部或背部疼痛。

控制压力的办法有很多。首先要清楚你感到压力的原因，然后再采取行动来减轻压力。如果你的工作令人筋疲力尽、压力重重，或者某些尚未解决的问题让你情绪低落，你就必须尝试解决这些问题，比如：重新查看你的日程表，看看时间和责任分配，回顾一下你人生的优先事项（我们生活是为了工作，还是工作是为了生活），尝试以旁观者的角度审视你个人、伴侣和家庭的问题并寻求专业帮助，以合适的方式解决这些问题。充满压力的婚姻或扰乱家庭生活的问题可能就是压力的主要来源，也是新焦虑危机出现的入口。

要记住，你可以通过放松肌肉来学会释放体内因压力而累积的紧张情绪。这是面对压力最后的办法，因为解决让你压力倍增的问题本身总要好过尝试减轻这些问题带来的负面情绪。当然，练习放松是控制体内疯长的紧张情绪的好办法。通过这种方式你可能会感觉好很多。

处于压力状态时，人们的呼吸节奏很容易被打乱，会出现浅呼吸或不适应机体需求的呼吸症状，从而导致换气过度，紧接着就会出现令人恐惧的症状：心动过速、心悸、头晕、对周围环境和自己本身产生不真实感或陌生感（感觉自己"精神错乱"）、胸部疼痛等。要记住，恢复平缓的腹式呼吸是缓解换气过度和其他生理不适的一种简单方法。

反复回顾关于恐慌症的知识

本书所介绍的和焦虑危机机制有关的信息帮助许多患者找到了平静。当然，随着时间流逝，我们很容易"忘记"焦虑危机的相关知识，从而更容易陷入对那些症状的灾难性解读，而反复回顾这些知识能够让我们相信现实。危机出现的机制相对而言比较简单，一个人只要相信这种机制，就会开始注意到以这种新方式看待世界而产生的影响。当一个人明白真正的危险并不存在并相信自己"仅仅是焦虑而已"的时候，就已经向克服焦虑危机的目标迈出了一大步：

- 焦虑并不会引发心梗。要满足一系列身体并发症的条件才会出现心梗。
- 脑血栓的形成同样基于脆弱的健康状态，和心梗一样，不良的饮食习惯和缺乏适度的体育锻炼会导致这种神经系统问题的出现。
- 中风是由脑动脉破裂引起的，一般是受高血压的影响。这和在极度焦虑时我们似乎有动脉破裂的感觉并无关系。
- 并不是所有人都有可能精神错乱。除了需要有足够多的家庭成员曾患有精神疾病之外，与脱离现实的精神症状相关的病情发展和焦虑的发展无关。

持续练习"更换芯片"的方法

现实不是导致我们紧张的直接原因,我们是否会感到紧张取决于我们如何解读现实。因此"更换芯片"以及不让我们任由自己被生理感受支配而失控是很重要的。我们脑海中会出现这样的想法:

- 胸部的疼痛被自动解读为"突发心梗",并且从那一刻开始,我就开始感到焦虑(正如你所知,我越焦虑,胸口就越疼,心跳就越快)。
- 失去平衡或头晕的感觉被自动解读为"我马上要晕倒了"或"我马上要在广场正中间摔倒了"。
- 陌生感或不真实感被解读为丧失理智的开始——"我就要疯了"。

在以上这些例子中,我们并没有意识到我们对现实的解读并不像它们看上去那么可靠。要是每次焦虑发作都会引发心梗,你都死了多少回了?如果每次出现焦虑危机你都会摔倒在地,你已经摔了多少次了?如果每次出现焦虑危机你都会精神失常,你已经疯了多少次了?

然而,这种恐惧很难自行消退。之所以如此,是因为我们总能找到借口以免最终发生这些可怕的事情,无论是因心梗死亡、无尽的疯狂还是其他任何可能会发生在我们身上的灾难性结局。

有时候可能你吃片药就能缓解焦虑；有时候我们只要和某人见面，不知为何就能放松下来；而有时候，正当我们觉得自己濒临死亡时，所有感受又突然消失了。如果每次危机来临的结果都和想象的一样，人们就不会对这些症状产生疑问了。要是所有遭受焦虑危机的人都会死亡或者发疯，焦虑就会成为全球的流行病。然而，全世界每天有数百万人经历焦虑危机，却并没有因此死亡或发疯。

因此你需要练习我们介绍的方法来学会"更换芯片"，详细记录下你的想法，以免在焦虑危机中让那些不理性的想法掌控当下的局面。

通过面对危机来克服危机

摆脱对生理感受的恐惧的一个好办法就是反复直面这些感受。你一定知道熟能生巧的道理。一个人"知道"自己不会心梗发作，和尝试不同的练习方法来引发心跳加快以证实不会有事发生，是不一样的。

正如我们在之前的章节所了解的暴露于恐惧情境中的方法，这是克服焦虑危机的一个必要步骤。起初，你是可以接受通过缓解那些你害怕的症状来明白到底发生了什么事情的，放松、控制呼吸方法甚至服用抗焦虑药物都是缓解症状的好办法。然而，一旦我们平静下来（且我们知道一切都可以被视为一种非理性的恐惧，这种恐惧和压力与焦虑息息相关），就到了需要直面这种非理性恐惧的时刻了，要将自己暴露于心动过速、胸口疼痛、头晕、精神错乱的感觉。简而言之，就是那些同样由焦虑引发但又触发了危机的感受。

面对这些恐惧的策略有很多，关键是要选择在对应情况下最适合你的方法。由你来选择节奏：一步一步慢慢来，就像爬螺旋楼梯；或者将自己完全暴露于恐惧的情境，就像跳入泳池。重要的是你得设定一个直面恐惧的限期：越快越好或者必要时越慢越好。

通过练习来克服广场恐惧症

对焦虑危机的恐惧可能会导致严重的广场恐惧症。因此出门、去大型商场、躺在牙科诊所的椅子上等，这些事情对患者来说都是很危险的。

这种非理性的恐惧就类似于当你知道自己遭遇的危机仅仅是焦虑而已时所感到的恐惧。许多应对生理感受恐惧的推荐策略同样也适用于广场恐惧症的情况。人们有必要尽快面对那些令人恐惧的情境，或者在某些情况下，这个过程越慢越好。如果面对那些令人恐惧的情境很困难，聪明的办法是设立小目标，小到看上去好像我们什么也没做：如果我能在有人陪伴的情况下在大型商场逛十分钟，我就可以尝试再多待几分钟，或者离开商业中心前再多走几步路。其实重要的是改变态度：不再急于逃离当下的情境，让自己在当下的情境中停留更长时间；也不再回避恐惧的情境，而是慢慢接近它们，哪怕今天只能进步一点点，明天我就又有机会再多坚持一分钟或多迈出一步。而且如果某一天我觉得自己退步了，不能像昨天一样面对同样的事情，我也不应该认为之前所有的努力都是白费工夫。进步从来都不是呈线性的。我好转的过程就像一种命运的舞步：前进一步，退后两步，前进两步，再前进一步……关键是要对自己有耐心，面对小的退步不要失望，这总是在所难免的。重要的是坚定信心，保持前进的方向，继续完成在某个时刻曾帮助我们前行的事情。在许多情况下，当我们放弃治疗期间形成的好习惯时，病情就会复发，比如当我们停止放松练习和呼吸练习的时候，当我们拼命工作的时候，等等。

药物治疗是针对严重情况的措施

相关科学研究表明，患者只有在同时表现出抑郁症状或仅凭心理治疗无法缓解的不适时，才适合服用抗焦虑药物。在大多数情况下，建议在焦虑症的初期治疗中以心理治疗为主，只在必要的时候进行药物治疗。千万不要在未向医生提前咨询的情况下自行服药，也不应该自行调整服用剂量，以防出现不必要的危险。还要记住：只要有可能，以自己的方式尝试克服焦虑危机（借助心理专家教给你的办法）相较于接受终生服药而言是更健康的方法。从长远来看，药物的疗效会逐渐消退，而有害的副作用则可能会增加。

克服焦虑危机是有可能的：
许多人已经做到了

有大量科学研究都证实了本书中控制焦虑的心理治疗手段是有效的。这意味着许多患有这种疾病的人现在都可以更好地控制自己的恐惧并过上正常的生活。我们对焦虑症患者的治疗经验也证实了本书介绍的方法是有效的。多年来，许多患者都从这些治疗方法中获益。你只需全心投入应对这些危机并遵从权威心理专家的建议便可以从中获益，最终你很有可能成功克服自己的焦虑危机。

寻求帮助是勇敢的做法

如果你认为自己可能正在遭受本书中讲述的焦虑危机并且到目前为止还没有向心理医生咨询过，我们建议你鼓起勇气寻求帮助，不要迟疑。承认自己需要帮助的人比否认其痛苦的人要更勇敢。

致谢

作为本书的作者，我们从美国波士顿大学教授戴维·H. 巴洛（David H. Barlow）和其焦虑症相关的著作中，尤其是和恐慌症相关的内容中学到了许多知识。毋庸置疑，巴洛博士是研究焦虑本质和相关症状方面的世界级专家之一，同时，在开发和试验针对此类疾病的有效心理治疗手段方面，他本人也是世界闻名的标杆人物。我们特别感谢他能够及时回答我们关于其著作的疑问，并为我们提供专业的研究资料，这些在他研究范围外的资料是非常难得的。他对我们的临床试验和本书中每一章节的内容都有显而易见的影响，尽管如此，我们还是请求读者能够将发现的错误归咎于作者本人。

一些同事、朋友和患者对本书早期版本中的某些章节进行了修正，在此我们也对他们所作的贡献表示感谢。尽管有些姓名可能被忘记，我们还是要向帕科·桑切斯（Paco Sánchez）、莉莲·贝尔梅霍（Lilian Bermejo）、富尔亨西奥·马林（Fulgencio Marín）、凡妮莎·埃尔南德斯（Vanessa Hernández）、伊娃（Eva）、普鲁登（Pruden）、若泽·普拉西多（José Plácido）和沙罗（Charo）致以谢意。你们的意见和提议帮助我们更好地表达了我们的想法和建议，当然，我们还是会为本书中可能存在的不足对读者负责。

我们还要感谢曼努埃尔·格雷罗（Manuel Guerrero）和卡洛斯·阿莱马尼（Carlos Alemany）对此书相关工作的合理安排。

附录

恐慌症的治疗效果

许多科学证据都证实了本书中心理疗法的疗效和效率。也就是说，经过这些治疗方法培训的临床心理医生所采取的治疗手段能为那些患有恐慌症且正遭受焦虑危机的患者提供良好的帮助。

以下表格中总结了目前可用于治疗焦虑症的四种主要疗法的疗效。前三种属于药物治疗，最后一种是控制焦虑的特殊心理疗法，也是本书中介绍的主要内容。表格中的内容是按以下方式呈现的："消耗"指的是没有完成这种疗法的患者数量；"好转"指的是完成治疗并得到显著好转的患者数量；"复发"指的是病情好转一段时间后又恶化的患者数量；"nrem"是除去放弃治疗的患者（第一列）、没有好转的患者（第二列）以及复发的患者（第三列）之外剩余的患者数量。总体疗效指数在0到100%之间，数值越大，治疗的效果越好，也就是说，患者对这种治疗的耐受度更好，更多的患者得到了好转且复发的情况更少。

主要疗法的总体疗效[1]

治疗方法	消耗 %	消耗 n_{rem}	好转 %	好转 n_{rem}	复发 %	复发 n_{rem}	总体疗效指数
大剂量 BZD	10	90	60	54	90	6	6
ATC	25	75	60	45	35	29	29
ISRS	20	80	65	52	35	34	34
TCC+I	15	85	80	68	20	54	54

注：BZD，苯二氮䓬类药物；ATC，三环类抗抑郁药物；ISRS，选择性5-羟色胺再摄取抑制剂抗抑郁药物；TCC，认知行为疗法加上内感受暴露；n_{rem}，剩余患者。

这个结果意味着，如果我们对100位患者进行药物治疗，最好的结果是（以 isrs 为例）20位患者放弃治疗，剩下的80位患者中有52人得到了好转，这些好转的患者中有34人没有复发。若对100位患者进行针对恐慌症的心理治疗，85位患者能够完成治疗，其中80%完成治疗的人能够得到好转，其中又有80%的人没有复发。从这些绝对的数据中可以看出，相较于接受药物治疗的患者，接受心理治疗的患者中放弃治疗的人数更少，好转人数更多且复发人数更少。

---

[1] 来源于诺曼·施密特，玛格丽特·科塞尔卡和凯莉·伍拉韦-比克尔（2004年）《恐怖性焦虑症的混合疗法》（103-134页）。摩根·萨蒙斯和施密特（编辑）《精神障碍的混合疗法，心理治疗和药物治疗干预指南》。毕尔巴鄂：Desclée De Brouwer 出版社。

出 品 人：许　永
出版统筹：林园林
责任编辑：许宗华
特邀编辑：王颖越
封面设计：刘晓昕
内文制作：石　英
印制总监：蒋　波
发行总监：田峰峥

发　　行：北京创美汇品图书有限公司
发行热线：010-59799930
投稿信箱：cmsdbj@163.com